C·H·Beck
PAPERBACK

CHRISTIAN GÖLDENBOOG

DIE WEISHEIT DES MISTHAUFENS

Expeditionen in die
biodynamische Landwirtschaft

C.H.BECK

Originalausgabe

Satz: C.H.Beck.Media.Solutions, Nördlingen
Druck und Bindung: Druckerei C.H.Beck, Nördlingen
Umschlaggestaltung: Geviert, Grafik & Typografie,
Christian Otto
Umschlagabbildung: © shutterstock
Printed in Germany
ISBN 978 3 406 72044 4

www.chbeck.de

Inhalt

Vorwort

Mittlerweile ist es so weit: Irgendwann gelangt man sogar beim Trinken von Wein oder Champagner zu dem Begriff *biodynamisch*. Einige der teuersten Gewächse werden inzwischen nach dieser Anbauweise hergestellt – aber was steckt dahinter? Erstaunlich viel, wie ich irgendwann feststellte. Und es ist mehr in der Flasche drin als die richtige Konstellation der Gestirne beim Lesen der Trauben oder Abfüllen der Weine.

Vor allem steht die biologisch-dynamische Bewegung für eine erstaunliche inhaltliche Vielfältigkeit. Debattiert wird über Goethe, überdüngte Böden, Kuhhörner, Kuhmist, Hybride als Hooligans, Züchtung von Rosenkohl, Kleberanteil beim Brotbacken und natürlich auch über die Schwingungen an sich, über die Erweiterung des naturwissenschaftlichen Weltbildes und über «Instant Karma» (John Lennon). *We all shine on*. Dieser Vielfältigkeit trägt dieses Buch Rechnung, und der interessierte Leser kann so nach eigenem Belieben in den vier Teilen unabhängig herumschmökern.

Gerne wird die auf den Gedanken Rudolf Steiners begründete biodynamische Landwirtschaft als obskur dargestellt, aber letztlich müssen sich all diese Ideen in der täglichen Praxis beweisen. Ausführlich zu Wort kommen in der ersten Expedition die Landwirte des Dottenfelderhofes in der Nähe von Frankfurt, dort, wo 1954 nach dem Krieg der Demeter-Bund wiedergegründet wurde. Dargestellt wird auch der Unterschied zwischen «Bio» und «Biodyn» sowie das Organismusprinzip, der Eckpfeiler der Biodynamie. Dieses ist, nebenbei bemerkt, inzwischen auch in der Wissenschaft angekommen.

Danach folgt ein Schnelldurchgang durch die Biographie des Initiators der Biodynamie: Rudolf Steiner und sein *Landwirtschaftlicher Kurs*, den er 1924 vor betuchten Gutsbesitzern hielt. Was immer man über Steiner denken mag, ein Stubenhocker war er nicht.

Expedition Nummer 3 wartet mit zwei großen Themenschwerpunkten auf, zuerst Stickstoff und Fitz Haber. Gerne wird behauptet, dass das Haber-Bosch-Verfahren, mit dem unter hohem Energieaufwand der Stickstoff aus der Luft industriell verfügbar gemacht wird, die Menschheit vor dem Verhungern bewahrt hat. Tatsächlich aber wurde das Verfahren entwickelt, um Deutschland im Ersten Weltkrieg überhaupt konkurrenzfähig zu halten. Kunstdünger ist Sprengstoff, und die Aversion der Biodynamiker gegen dieses Material ist durchaus nachvollziehbar.

Der zweite Schwerpunkt behandelt Glyphosat. Hier geht es um die Rolle, die dieses umstrittene Mittel in der Pestizid-Tretmühle einnimmt und welche Alternativen die Konzerne in ihren Laboratorien wirklich testen.

Expedition 4 schließlich führt zu einem meiner Lieblingsthemen: Geschmack und Champagner. Bekanntschaft macht der Leser mit Jean-Baptiste Lécaillon, der das weltberühmte Champagnerhaus Louis Roederer konsequent auf Biodynamie umstellt. Warum macht der Mann das? Er könnte auch auf Nummer sicher gehen und Glyphosat spritzen lassen. Stattdessen vertraut er der Weisheit des Misthaufens.

EXPEDITION 1

Eine neue Idee der Landwirtschaft entwickeln

Der Dottenfelderhof in der Wetterau bei Frankfurt

Ackern heißt die Erde wenden

Ein Montag im Oktober in der Wetterau, zwölf Kilometer vom Stadtkern Frankfurts entfernt, Dottenfelderhof bei Bad Vilbel.

«Achtzehn Grad, fünf Millimeter Niederschlag», übermittelt nuschelnd ein junger Mann das Wetter von gestern. Um ihn herum haben knapp 35 Landwirte, Mitarbeiter des Hofes, Studenten der angeschlossenen Landbauschule, Lehrlinge, Praktikanten, auch einige Frauen, einen Kreis gebildet. Sie alle betreiben hier nach den anthroposophischen Prinzipien Rudolf Steiners (1861–1925) eine spezielle Form der Landwirtschaft, die sogenannte *biologisch-dynamische*. Die meisten Biodynamiker schauen eher müde oder einfach nur ausdruckslos in die vor einem Kuhstall aufgebaute Runde. Viele stehen kurz vor fünf Uhr morgens auf, um auf die Felder oder in den Stall zu gehen. Für die in der Bäckerei Arbeitenden klingelt der Wecker wesentlich früher.

Wie überall in der Landwirtschaft, so wird auch auf dem Dottenfelderhof geackert. Beamte arbeiten, Stahlarbeiter malochen, Bauern ackern. Ackern bedeutet «die Erde wenden» oder «den Boden kehren». Dabei wird die Rückenmuskulatur auf besondere Art und Weise malträtiert, und Dreck quillt aus allen Fingernägeln. Inzwischen ist es kurz vor acht Uhr, und die obligatorische morgendliche Arbeitsbesprechung der Dorfgemeinschaft wird mit mehr oder weniger harmonischem Gesang eingeleitet:

Unüberwindlich starker Held, Sankt Michael!
Komm uns zu Hilf, zieh mit zu Feld.
Hilf uns hie kämpfen, die Feinde dämpfen, Sankt Michael!

So geht es eine Weile. Die Szenerie erinnert an einschlägige TV-Übertragungen mit mehr oder weniger berühmten Sportlern, die ihre Nationalhymne trällern müssen, obwohl sie den Text gar nicht kennen. Ein Auszubildender singt sehr laut, andere überhaupt nicht. Anschließend berichten einige in der Runde, was sie am Samstag oder am Sonntag so alles gemacht haben. Das Roden von Rüben stand auf dem Programm, wie jeden Samstag kam der Verkaufswagen mit den Hofprodukten auf einem Wochenmarkt zum Einsatz, guter Umsatz, ein technisch versierter Mitarbeiter reparierte einen Traktor, eine Frau berichtet über die Qualität der Äpfel, die zu einigen tausend Liter Saft für den Eigenbedarf gepresst wurden. So geht es hier Tag für Tag zu, im Sommer wie im Winter, außer sonntags. Bei strömendem Regen oder minus 25 Grad trifft man sich im Kuhstall, der zusammen mit einem Getreidesilo, einem einstöckigen Gebäude, in dem eine Zweigstelle des Darmstädter Instituts für Biologisch-Dynamische Forschung untergebracht ist, sowie den traditionellen zweistöckigen Fachwerkhäusern den Innenhof umschließt.

Insgesamt ist der Dottenfelderhof über 150 Hektar groß; 111 Hektar sind davon Ackerfläche, die Obstanlagen verteilen sich auf fast vier Hektar, das Grünland beträgt 38,5 Hektar. Ein Hektar umfasst 100 mal 100 Meter Fläche oder 100 Ar. Neben der Zufahrt zu dem Innenhof befindet sich der Hofladen, inzwischen eine Art Bio-Supermarkt. Vorhanden sind auf dem Hofareal noch eine Käserei mit Verkauf von Käse- und Milchprodukten, ein Backhaus, ein Café, ein Kartoffel- und Gemüselager, eine Heu- und Strohscheune sowie mehrere Wohnhäuser.

Über 120 Menschen leben und wohnen hier, 14 Familien mit ihren Kindern dauerhaft, außerdem Studenten, Mitarbeiter, Praktikanten und Senioren. Bei den Senioren handelt es sich vor allem um die noch lebenden Gründer des Hofs mit ihren Ehefrauen und Kindern. «Jeder Einzelne sorgt hier für die anderen Mitbewohner», lautete die Devise der Gründergeneration in den sechziger Jahren des letzten Jahrhunderts. Bemerkenswerterweise hatte ihr Lebensentwurf nicht viel mit dem der Achtundsechziger-Generation zu tun. Das Wort von der Öko-Kommune mögen die Landwirte hier überhaupt nicht. Einer der Hof-Mitbegründer, der Agraringenieur Manfred Klett, erklärte mir einmal, dass sich die Solidarität aus der Idee eines gemeinsamen Zieles speise: Eine Sozialreform oder eine Gemeinschaftsinitiative müsse immer im Dienst einer Zielsetzung stehen. «Im europäischen Landbau», so Klett, «stellte über Hunderte von Jahren die Dorfgemeinschaft einen Organismus dar. Dies ist mittlerweile alles zerstört. Die Produktionsbedingungen in der Landwirtschaft verlangen nach einer anderen Sozialform als der des Familienbetriebes. So hat sich die Idee dieser Betriebsgemeinschaft entwickelt. Freundschaft stand nie im Mittelpunkt unserer gemeinsamen Basis. Im Gegenteil.»

Inzwischen kommen von überall aus der Welt die Steiner-Anhänger zum Dottenfelderhof, häufig um für zwei oder drei Monate zu ackern. An diesem Morgen befinden sich auch zwei rumänische Architekten in der Runde, nicht singend, da kaum Deutsch sprechend, aber hier, weil sie Versuche über die Einwirkung der Protonenstrahlung auf Pflanzen durchführen wollen.

Strahlung, Kräfte, gar Lichtkräfte, Schwingungen und kosmische Wirkungen oder Konstellationen sind Lieblingsthemen unter Anthroposophen. Selbst die im benachbarten Stall liegenden Kühe nehmen eine spezielle Strahlung aus dem Weltall auf, und zwar über ihr Horn. Da das Kuhhorn äußerlich von der Erde umgeben sei, «strahlen alle Strahlen in seine innere Höhlung hinein», und diese Strahlung wiederum wird dann in den Kuhmagen weitergeleitet. Diese eher ungewöhnliche physiologische Idee präsentierte Rudolf Steiner im Jahr 1924 wohlhabenden Landwirten in seinem sogenannten *Landwirtschaftlichen Kurs*, veröffentlicht inzwischen unter dem Titel *Geisteswissenschaftliche Grundlagen zum Gedeihen der Landwirtschaft*. «Etwas Lebensstrahlendes, und sogar Astralisch-Strahlendes haben Sie im Horn», sagte Steiner. Anschließend erklärte dieser vom deutschen Idealismus aufgeheizte Bote des Übernatürlichen seiner erstaunten Zuhörerschaft: «Es ist schon so. Würden Sie im lebendigen Kuhorganismus herumkriechen können, so würden Sie, wenn Sie drin wären im Bauch der Kuh, das riechen, wie von den Hörnern aus das Astralisch-Lebendige nach innen strömt.»

Der *Landwirtschaftliche Kurs* stellt die Grundlage für die biodynamische Landwirtschaft dar. Der Text ist recht schwer zu verstehen geschweige denn rational nachzuvollziehen. Dies liegt nicht nur daran, dass es sich um eine stenographische Mitschrift handelt. Hier entwickelte Steiner das Konzept, einen landwirtschaftlichen Betrieb als eigenständigen Organismus zu begreifen, mit Rindern im Mittelpunkt. Außerdem kam ihm die Idee, Kuhhörner mit Kuhscheiße zu füllen, zu vergraben und nach einiger Zeit den Dung in homöopathischen Mengen als Pflanzenschutz auf den Feldern auszubringen.

Neben den rumänischen Protonenforschern stehen ein Marokkaner, ein Landwirt aus Namibia, ein Amerikaner sowie ein Ire, alles junge Männer, die sich hier sehr wohl fühlen und irgendwann in ihrer Heimat selber einen Bauernhof betreiben wollen.

Ansonsten ist die morgendliche Arbeitsbesprechung eher kurz. «Schneiden von Feldsalat steht an», sagt ein Landwirt. Die Arbeitseinteilung nimmt ihren Lauf.

«Machen Sie mal beim Rübenroden mit», teilt mich Martin von Mackensen bei der Arbeitsbesprechung ein. Auf dem Hof ist von Mackensen für die Viehwirtschaft verantwortlich. Unter dem Lachen der Kenner fügt er hinzu: «Rübenroden ist eine ziemlich sportliche Betätigung.»

In der Tat verlangt die meiste Arbeit in der Landwirtschaft sportive Fähigkeiten. Ackern ist eher etwas für Zwanzigjährige als für Fünfzigjährige, und Rübenroden ist wesentlich schweißtreibender als das Ernten von Weißkohl oder das Herausschneiden von Feldsalat aus seiner Erdwurzel, zumindest für die beiden Sportler, die hinter dem Roder herlaufen müssen. Vor dem Ackern ziehen sich alle zum Frühstück zurück, das entweder in einem großen Essraum oder aber in den Wohnungen der einzelnen Familien serviert wird. Auf dem Tisch stehen hier nur Demeter-Produkte beziehungsweise jene Lebensmittel, die auch im Hofladen angeboten werden.

Assoziiert wird die moderne Öko-Landbaubewegung mit den siebziger Jahren des letzten Jahrhunderts. Bioland etwa, mit über 6000 Mitgliedern und einer Gesamtfläche von über 300 000 Hektar Deutschlands inzwischen größter ökologischer Anbauverband, gründete sich 1976. Geschützt ist das Warenzeichen Demeter aber schon seit 1932. Unmittelbar nach Steiners Vortrag etablierte sich ein Versuchsring anthroposophischer Landwirte, die ihre Erzeugnisse unter dem Gütesiegel Demeter vermarkteten. Die Normen für ihre Produkte: Saatgut müsse mindestens drei Generationen ohne Kunstdünger gewachsen sein, die Äcker drei Jahre ohne Kunstdünger behandelt. So seltsam es klingen mag: Im Prinzip sind die Anthroposophen die Vorreiter der modernen Öko-Landwirtschaft. 1941 wurde Demeter verboten, am 16. Mai 1954 gründete sich der Verband auf dem Dottenfelderhof neu.

Die biodynamischen Rüben wachsen auf einem knapp einen Kilometer langen Acker, der insgesamt 15 Reihen aufweist und sich an einer der höchsten Stellen des Hofes befindet, auf 142 Meter über Normalnull. Von hier aus sieht man auf viele Hecken, Holunder und Rosen, auf eine Reihe hochgewachsener Pappeln und auf den Gebirgszug des bis auf 900 Meter ansteigenden Taunus. Nichts ist zu spüren von dem zwölf Kilometer entfernten Frankfurter Stadtzentrum: Die Skyline mit ihren Türmen und Wolkenkratzern ist nicht zu sehen, fast schon idyllisch eingebettet liegen die Hofgebäude an den Auen der Nidda am südlichen Rande der Wetterau. Der Hof befindet sich an der Stadtgrenze zu Bad Vilbel, einer hessischen Kleinstadt mit 30 000 Einwohnern. Zwischenzeitlich hat sich der für die Wetterau typische herbstliche Morgennebel verzogen, ein kräftiger Nordwind pustet jene Wolken einfach weg, die stets ein Bestandteil der Dunstglocke über dem Rhein-Main-Gebiet sind. Die klare Luft beginnt, die Nerven zu beruhigen. Es verspricht, angenehm warm zu werden, die Temperaturen steigen auf ein Maß, wie es die Landwirtschaft in diesen Breitengraden benötigt.

Während moderne Rübenernter in der Lage sind, bis zu sechs Reihen gleichzeitig abzuernten, verlangt das Rübenernten auf dem Dottenfelderhof harten Arbeitseinsatz. Der Rübenroder, nicht unbedingt das neueste Modell, ist eine Art Traktor mit einem Lader, auf den die Rüben über ein Band transportiert werden. Auf dem Traktor sitzen der Fahrer und ein Beifahrer, der das Rodemesser so halten muss, dass die Rüben von ihrer Wurzel abgeschnitten werden und dann automatisch auf das Band geworfen werden. Dies klappt nicht immer. Die Kunst sei, so der Beifahrer, das Messer richtig anzusetzen.

«Ist das Messer zu hoch», erklärt der Fahrer, «dann werden die Rüben beschädigt, ist es zu niedrig, dann werden die Regenwürmer in der Erde getötet.»

Die sehr oft sportive Aufgabe an diesem Morgen besteht darin, die vielen Rüben, die zwar von ihren Wurzeln abgetrennt wurden, aber nicht auf dem Transportband gelandet sind, aufzugreifen und dann auf den Lader zu schmeißen. Für die zwanzigjährige Praktikantin kein Problem, sie hat stets in jeder Hand eine Rübe, dafür tröstet mich der Beifahrer mit den Worten: «In der konventionellen Landwirtschaft würde man Sie gar nicht benötigen.» Dort seien alle Rüben dank diverser Züchtungstechniken praktisch gleichförmig und lassen sich daher von maschinellen Rodern problemlos erfassen. Vermutlich zerbrechen sich auch nicht sehr viele konventionelle Landwirte ihren Kopf darüber, ob Regenwürmer nach dem Rübenroden noch weiterleben sollten.

Nach zwei Stunden ist der Lader mit Hunderten von Rüben völlig überfrachtet, aber die Praktikanten lassen nicht locker: Sie suchen das Feld nach den übrigen Rüben ab und werfen diese auf den Wagen. «Wir sind halt noch Auszubildende», erklären sie lachend, als der Traktor den Anhänger nicht mehr aus jenem feuchten Wetterauer Boden ziehen kann, über den zwischenzeitlich Martin von Mackensen vor einer Tafel und einem Kreis von sechs Landbauschülern doziert. Schon in seinem Kasseler Elternhaus hat von Mackensen, man nennt ihn gerne hier auch den Professor, mit anthroposophischen Ideen Bekanntschaft gemacht. Während seiner Lehrzeit als Maschinenschlosser lernte er den Bildhauer Joseph Beuys (1921–1986) kennen. Dieser führte 1982 für die Kunstausstellung documenta 7 in Kassel seine «7000 Eichen – Stadtverwaldung statt Stadtverwaltung»-Aktion durch. Beuys und seine Anhänger verfrachteten 7000 Basaltblöcke nach Kassel und boten den Bürgern an, für eine Spende von 500 Mark einen Block neben ein neu anzupflanzendes Eichenbäumchen zu platzieren. Seinerzeit habe Beuys ihm geraten, so von Mackensen, in die Landwirtschaft zu gehen, dort könne er etwas Nützliches leisten. Künstler gebe es schließlich schon genügend. Prompt absolvierte von Mackensen einen einjährigen Kurs an der Landbauschule, anschließend entschloss er sich, auf dem Hof zu bleiben. Ihn habe die

Praxis gereizt, vor allem die Arbeit mit den sogenannten biodynamischen Präparaten und die Suche nach Alternativen zum herkömmlichen industriellen Stickstoffdünger.

1975 gegründet, zieht die Landbauschule mit ihren Weiterbildungskursen, Tagungen, Seminaren und dem Berufsausbildungskurs in biologisch-dynamischer Landwirtschaft Interessierte aus aller Welt an. Absolviert haben den einjährigen Kursus über 2000 Landwirte, Gärtner, Menschen mit praktischer landwirtschaftlicher Erfahrung sowie Hochschulabgänger. Alle Teilnehmer können auf dem Hof wohnen oder übernachten. Die Einrichtung ist eine inzwischen staatlich anerkannte Ergänzungsschule des Landes Hessen. Es gehe darum, so von Mackensen, dass die Schüler die Landwirtschaft «als Lebensfeld durchdringen und vertiefen».

Neben der sogenannten naturwissenschaftlichen Erkenntnisarbeit spielt das Studium geisteswissenschaftlicher Gesichtspunkte eine wesentliche Rolle. Gegründet und gefunden haben sich die Biodynamiker Mitte der zwanziger Jahre des letzten Jahrhunderts als Gegenbewegung zu industriell-kapitalistischer Landwirtschaft und materialistischem Zeitgeist, als Antwort auf die Vernichtung der traditionell-bäuerlichen Kultur. Berufen haben sie sich dabei von Anfang an auf Goethes Methode der Naturerkenntnis. Intensiv diskutieren die Schüler der Landbauschule daher Goethes Aufsatz *Der Versuch als Vermittler zwischen Objekt und Subjekt* (1792).

«Goethe hat die Frage gestellt», erklärt von Mackensen dazu, «wie man etwas vom Leben der Pflanzen erkennen kann. Und in seiner unvoreingenommenen und künstlerischen Herangehensweise gelangt er zu der Idee, dass die Pflanze als das Ergebnis einer Auseinandersetzung zwischen Unten und Oben, zwischen Boden und Licht zu verstehen ist. Und das Ergebnis dieser Entwicklung ist die jeweilige Form der Erscheinung des Blattes.»

Der Studiengang umfasst drei Trimester: Zuerst stehen Einführungen in die Anthroposophie, Botanik, Geologie, Bodenkunde und Klimakunde auf dem Programm, anschließend wird der *Landwirtschaftliche Kurs* von Rudolf Steiner gelesen, im dritten Trimester werden aktuelle Trends der biodynamischen Landwirtschaft, der Forschung, Vermarktung und der sozialen Organisation eines Betriebes thematisiert. Die Studenten belegen Einführungskurse in anthroposophischer Tanzkunst: Die sogenannte Eurythmie ist eine schwer nachvollziehbare Mischung aus grotesken Gebärden, gewichtigen Stummfilmgrimassen und langsamen Bewegungen. Sicherlich, für einen Außenstehenden wäre es schon interessant, ein paar Moleküle anthroposophischer Erotik auszuspähen. Von Mackensen ist Realist. Auf die Frage, ob ich denn bei einem derartigen Tanzkurs einmal zuschauen könne, antwortet er: «Ich denke, das ist nichts für Sie. Da sind Sie nicht der Typ für.»

Natürlich hat er völlig recht. Zwischenzeitlich fährt ein größerer Traktor auf das Rübenfeld, um den vollgepackten Lader aus dem Dreck zu ziehen. Benötigt werden die Futterrüben für die 80 Milchkühe des Hofes, der Rübenacker selbst ist Teil einer ausgetüftelten Fruchtfolge.

«Wir betreiben hier eine zwölfjährige Fruchtfolge», erklärt von Mackensen. Dies stelle in der Landwirtschaft eine hohe Kunst dar: «Die übrige Wetterau kennt im Prinzip nur eine dreijährige Fruchtfolge. Weizen wird angebaut, Gerste und Zuckerrüben, vielleicht noch Raps als eine vierte Frucht.»

All dies ist, freundlich ausgedrückt, nicht sehr en vogue. Wer hat schon Muße und Geld für eine zwölfjährige Fruchtfolge in Zeiten einer alles beherrschenden Monokultur? Modern ist diese Monokultur im Weinanbau oder bei den drei Hauptgetreidearten Weizen, Reis und Mais. Diese werden großflächig überall dort angebaut, wo es das Klima erlaubt.

Die weltweite Landwirtschaft ist derartig hochgradig spezialisiert, dass inzwischen 80 Prozent der von uns direkt oder indirekt, das heißt nach dem Füttern von Tieren, konsumierten Kalorien von gerade einmal sechs Pflanzen abhängen: Kartoffeln, Süßkartoffeln, Weizen, Reis, Mais und Maniok, auch als Cassava oder Yuca bekannt. Hinzu kommen noch acht weitere für unsere Ernährung relevante Pflanzen wie Bananen, Kokosnüsse, Zuckerrohr, Zuckerrüben, Bohnen, Sojabohnen, Gerste und Hirse.

Das Kalkül der industrialisierten Landwirtschaft ist, Diversität oder Vielfältigkeit als etwas Mittelalterliches oder Rückwärtsgerichtetes abzutun. Diversität oder Artenreichtum ist gut und schön in Lehrbüchern, Tierparks oder der Television, beim Anbau von Nutzpflanzen hingegen ein eher nicht angestrebter Luxus. So existieren über 40 000 Reisvarietäten, kultiviert wird nur eine Handvoll. In den Vereinigten Staaten von Amerika stellt das breitblättrige Getreide namens Mais die wichtigste Feldfrucht dar; 80 Prozent der Ernte geht in die Viehzucht, der Rest wird vor allem zu Glucose-Fructose-Sirup verarbeitet. Dieser wiederum ist die Süßbasis von sympathischen, aber doch nicht so richtig gesunden Getränken wie Coca-Cola. Es gibt Puffmais (Popcorn), Hartmais, Stärkemais, Zuckermais, angepflanzt wird in erster Linie der gelbe Zahnmais *(dent corn)*, der seinen Namen einer kleinen Zacke auf dem Maiskorn verdankt.

Wer schon einmal diese Region im Mittleren Westen der USA mit den Staaten Iowa, Illinois, Nebraska und Minnesota besucht hat, der weiß, was die Stunde geschlagen hat: Alles dreht sich nur noch um die Monokultur Mais, verschwunden ist der klassische Familienbetrieb, es gibt kaum noch Menschen, dafür Entvölkerung und achtreihige Pflanzmaschinen, sogar von Ferrari. Im Vergleich dazu mutet der Dottenfelderhof grotesk überholt an: ein Haufen unerbittlicher Idealisten, die unter Selbstausbeutung gegen die Tretmühlen der Modernität ackern. *Small is Beautiful* hieß es einmal vor über 40 Jahren, aber das ist etwas für das Mittelalter oder die Dritte Welt. Modern sind großflächige Betriebe und eine kapitalintensive Landwirtschaft, rückständig dagegen arbeitsintensive Bereitschaft und Alltagsweisheiten über die Bedeutung des Klees für die Stickstoffversorgung der Pflanzen.

Aber die Moden und Trends kommen und gehen: Vor 30 Jahren wurde Landwirtschaft in Deutschland von vielen Städtern als etwas Überholtes angesehen; niemand hat sich gewundert, als in der Wetterau fast alle Kirschbäume gefällt wurden. Gemüse und Obst kommen sowieso aus Italien oder Frankreich, Steaks aus Argentinien, die Dritte Welt sollte auch unterstützt werden, und selbst Spargel aus Kalifornien ist preiswerter als der aus der Pfalz. Inzwischen hat sich die Stimmung gewandelt: Es existieren Konsumenten, die regionale Produkte schätzen und kaufen, vor allem dann, wenn sie ohne Zuhilfenahme chemischer Giftspritzen hergestellt werden und eine handwerkliche Wertigkeit verkörpern.

«Zwölfjährige Fruchtfolge bedeutet», doziert von Mackensen, «dass auf einem Acker über einen Zeitraum von zwölf Jahren hinweg jedes Jahr immer wieder eine andere Frucht angebaut wird. Die Ausnahme ist die Luzerne. Diese stehen zwei, manchmal zweieinhalb Jahre. Je vielfältiger der Anbau, desto gesünder ist das Gesamtsystem.»

«Nachhaltigkeit lautet das Stichwort», ergänzt der Landwirt.

Um eine nachhaltige Furchtbarkeit zu erzielen, wechselt auf dem Dottenfelderhof die Fruchtfolge zwischen Getreide wie Weizen, Roggen, Gerste oder Hafer, Hackfrüchten wie Kartoffeln, Futterrüben oder Feldgemüse sowie Klee und Luzerne, dem Hauptfuttermittel der Kühe. Als Hackfrucht werden jene Pflanzen bezeichnet, für deren Gedeihen der Boden mehrmals bearbeitet oder behackt werden muss. Im Allgemeinen wird Hafer zusammen mit Luzernen gepflanzt. Der Hafer ist dabei die Deckfrucht, die Luzerne sind die Untersaat. Diese wächst nach dem Ernten der Deckfrucht weiter und schützt den Boden.

Die Vielseitigkeit dieser Fruchtfolge bewirke, so von Mackensen, einen Ausgleich zwischen den unterschiedlichsten Ansprüchen der Pflanzen. Häufiges Mähen der Futterpflanzen und die ständige Bedeckung des Bodens unterdrücke Unkräuter. Klee und Luzerne reichern den Boden mit Humus an, jenes organische Material, das sich durch die Aktivitäten von Würmern, Pilzen und Bakterien bildet: Diese zersetzen tote Organismen, Kot, Blätter oder Wurzeln, so entsteht eine krümelige Erde. Der Humus ist entscheidend für die Bodenstruktur: Er verhindert die Verdichtung, es bildet sich ein lockerer Boden, der das Wasser hält und dennoch porös für eine ausreichende Wurzelbelüftung ist. Generell sei diese Zwölffelderwirtschaft nicht nur die Voraussetzung für gesunde Pflanzen und Böden, sondern verringere auch Schädlingsbefall und Pilzkrankheiten. Nützlinge breiten sich aus, auf dem Hofareal wachsen seltene Wildpflanzen, und die Bienen finden genügend Nahrung.

«Diese Gesellschaft», erläutert von Mackensen seine Position, «muss verstehen, dass die Landwirtschaft primär kein Gewerbe zum Zwecke des Geldverdienens sein kann. Es ist ein Irrtum zu glauben, die Landwirtschaft sei eine Industrie oder ein Gewerbe.»

«Weil der Boden und die Mutter Erde mit ins Spiel kommen?»

«Die komplette Ökologie. Die Subventionen für die Landwirtschaft sind nur ein Ausdruck des Dilemmas. Da kann der Landwirt das Futter für seine Schweine aus Südamerika beziehen. Damit aber drehen wir nur an einzelnen Schrauben des Systems. Das komplette System ist falsch. Wir müssen daher eine neue Idee von Landwirtschaft, eine neues System entwickeln.»

Die Lüge von den freilaufenden Hühnern und ihren Eiern

«Sehen Sie diesen Hühnerstall da?», fragt der Landwirt und zeigt auf einen drei Meter hohen Bau, etwa zwölf Meter lang und acht Meter breit, der auf einer Wiese steht. Eine Vielzahl an Hühnern pickt im Gras herum. Der Clou dieses Stalls ist, dass er sich von einem Schlepper ziehen lässt. Es handelt sich also um ein echtes Hühnermobil.

«Von einem derartigen fahrbaren Hühnerstall gibt es in Deutschland nur wenige Exemplare. Dahinter steckt aber eine geniale Idee. Dank dieses Stalls müssen wir uns nur noch wenig um Desinfektion und Behandlung von Parasiten kümmern. Der Stall wird einfach jede Woche ein kleines Stück weitergefahren. Dabei wird auch die Grasnarbe geschont. Die Industrie sagt natürlich, all dies sei reiner Schwachsinn. Wie könne man überhaupt so viele Hühner frei herumlaufen lassen? Hühner gehören in den Käfig gesperrt. Rein in die Bodenhaltung, und dann wird ihnen vollsynthetisches Futter verabreicht. Wer aber diesen Weg nicht gehen will, wird mit neuen Fragestellungen konfrontiert. Daher suchen wir nach völlig neuen Lösungen.»

Von Mackensen ist groß, schlank, und wenn er redet, dann leidenschaftlich. Manchmal gähnt der Frühaufsteher zwischendurch, wofür er sich bisweilen entschuldigt.

«Wissen Sie eigentlich», erregt sich von Mackensen, «dass

das Huhn ein Tier ist, das sich nicht weit von seinem Stall entfernt?»

«Nein.»

«Daher nützt der schönste Stall auch nichts. Man kann immer behaupten, die Tiere hätten Auslauf. Eier von auslaufenden oder freilaufenden Hühnern, das ist das, was die Leute heutzutage kaufen.»

«Damit wird Verkaufsförderung betrieben.»

«Aber es stimmt doch alles nicht. Jeder weiß, dass es nur eine Lüge ist», sagt von Mackensen und beginnt, über Pseudo-Freilandhaltung zu reden.

«Natürlich kann man bei einem großen Stall immer die Tür auflassen und behaupten: ‹Seht her, unsere Hühner haben Auslauf.› Aber die Tiere gehen überhaupt nicht raus. Das gibt es alles gar nicht. Aber überall wird es angepriesen. Fahren Sie doch einmal durch Deutschland und schauen sich die Realität an. Da gibt es überhaupt keine Hühner, die draußen sind. Klar, beim Kleinbauern, da laufen fünfzehn oder zwanzig Hühner rum. Neunundneunzig Prozent der in Deutschland verkauften Eier kommen aus sogenannten Großvolieren oder aus der Bodenhaltung. Es wäre überhaupt kein Problem, die Hühner so zu halten, wie wir sie halten. Man benötigte die Fläche eines Landkreises. Wir haben hier siebenhundert Hühner, und es lohnt sich, den Stall an den Schlepper zu hängen und ihn etwas weiterzuziehen. Wir haben uns vor den Hofladen gestellt und unseren Kunden erklärt, wir wollen mehr eigene Eier produzieren. Wer ist mit dabei? Bürgschaften, Darlehen, Kredite, Schenkungen. Ein Tierschutz-Club hat uns fünftausend Euro für den Ankauf dieses Hühnermobils überwiesen. Alte Menschen haben etwas gespendet oder Bürgschaften übernommen. Sie erhalten die Zinsen in Form von Eiern.»

Der Dottenfelderhof ist ein Phänomen. Dass sich über viele Jahre hinweg eine landwirtschaftliche Betriebsgemeinschaft in dieser Größe gehalten und etabliert hat, ist eher eine Seltenheit. Ähnliche Projekte und Initiativen sind im Streit der Beteiligten zugrunde gegangen. Verglichen mit modernen landwirtschaftlichen Betrieben, wirkt der Hof altmodisch. Verglichen mit biologisch-dynamischen Bauern oder Gärtnern, die ihr Feld noch mit einem Pferd pflügen, verkörpert der Dottenfelderhof Hightech. Schon frühzeitig wurde ein eigenes Heizkraftwerk installiert, später dank des Agrarkulturpreises für 50 000 Mark ein Solardach für die Heutrocknung. Hinzu kam in den neunziger Jahren des letzten Jahrhunderts eine moderne Nachtluftkühlung für das Kartoffellager. Seit 1999 verfügt der gesamte Hof über ein FCKW-freies Kühlsystem, also frei von Fluorchlorkohlenwasserstoff.

«Ich erwähne diesen fahrbaren Hühnerstall, damit Sie sehen, dass ich nicht technikfeindlich eingestellt bin. Aber wie schon erwähnt, die Leitidee, die unsere Gesellschaft hinsichtlich der Landwirtschaft hat, ist global gesehen, korrekturbedürftig.»

So wie ein Pflug das Unterste der Erde zuoberst kehrt, gehört von Mackensen zu einer Generation von Landwirten, die die Welt, nun, vielleicht nicht neu erschaffen, aber zumindest umpflügen wollen. Seine Leitideen kreisen um eine funktionierende Kreislaufwirtschaft, um landwirtschaftliche Betriebe als wirkliche Organismen, um intakte, fruchtbare Böden, die ständig erneuert oder gar verbessert werden müssen, um Böden, die nicht vom Stickstoff malträtiert werden. Sie kreisen auch um Geschmack von Getreide, Obst, Gemüse, Kräutern, Gewürze, Milch oder Fleisch; um Erzeugnisse aus biodynamischem Anbau oder Tierhaltung, die unter dem Namen der altgriechischen Göttin für Erdfruchtbarkeit vermarktet werden.

Die hinter dem Mond

Mondkalender repräsentieren eine schöne Geschäftsidee. Jedes Jahr lässt sich einer publizieren, und es ist auch nicht sehr teuer, über hundert Seiten mit irgendwelchen Smileys aufzufüllen. Diese wiederum stehen für jene Konstellationen, an denen der Mond besonders günstig für wichtige menschliche Aktivitäten wie Operationen, Impfungen, Fußreflexzonenmassagen, Amalgamentfernungen, Umzüge, Krafttraining oder Bügeln. Ich kenne jemanden, der im Krankenhaus lag und die Operation verweigerte, weil ihm die Mondkonstellation nicht passte. Wie bei vielem, so stößt auch bei astrologischen Kalendern das mechanistische Weltbild an seine Grenzen, zumal sich inzwischen herausgestellt hat, dass die Vorhersagen professioneller Astrologen manchmal sogar zutreffen.

Unter Anthroposophen und ihren Anhängern sind Mondkonstellationen en vogue; das beste Beispiel hierfür ist Maria Thun. Seit 1963 publizierte die emsige Gärtnerin jährlich ihren Aussaatkalender. Dieser beschreibt detailliert, welche Positionen des Mondes Wachstum und Gedeihen von welchen Pflanzen begünstigen. Populär ist dieser Kalender bei Kleingärtnern, vor allem in Nordamerika, inzwischen ist er in über 20 Sprachen übersetzt. Thun verstarb 2012 im Alter von 89 Jahren, die jährliche Ausgabe besorgt seitdem ihr Sohn. Gerne werden Demeter-Bauern als diejenigen dargestellt, die es mit dem Mond haben. Daraus wird schnell: «Die hinter dem Mond», und niemand weiß dies besser als Hartmut Spieß.

«Ich habe dieses Jahr schon an fünf Fernsehbeiträgen zum Mond mitgewirkt», erklärt mir Spieß, der seit 1977 an der Außenstelle des Darmstädter Instituts für biodynamische Forschung auf dem Dottenfelderhof arbeitet. Aufgewachsen ist er in der Deutschen Demokratischen Republik (DDR). Dort studierte er Landwirtschaft und flüchtete irgendwann in den Westen. «Wie im Mittelalter», lautete sein erster Eindruck über die bundesrepublikanischen Höfe, waren doch die kleinsten landwirtschaftlichen Einheiten in der DDR 500-Hektar-Betriebe gewesen. Er heuerte als leitender Vertreter in der Futtermittelindustrie an, bemerkte aber schnell, dass in diesem Job nur jene abgebrühten Zeitgenossen erfolgreich sind, die in ihrem Repertoire gerne Antibiotika und Hormone vor sich her tragen.

«Irgendwann habe ich jemanden kennengelernt», erinnert sich Spieß, «der mir erklärte: ‹Ich vergrabe jetzt in meinem Acker ein mit Mist gefülltes Kuhhorn. Später dünge ich dann meine Böden mit diesem Mist.› Das klang wenig glaubhaft. Aber meine Neugierde war geweckt.»

Seinerzeit suchte Eduard von Boguslawski (1905–1999), ein unorthodoxer Professor an der Universität Gießen mit Lehrstuhl für Pflanzenbau und Pflanzenzüchtung, Doktoranden für biodynamische Themen. Boguslawski sei der erste Akademiker gewesen, der in Deutschland derartige Inhalte ernst genommen habe; damals, so Spieß, sei die Demeter-Landwirtschaft als reine Spinnerei abgetan worden. 1978 promovierte er über die Bedeutung der biodynamischen Präparate für die Bodenfruchtbarkeit, 1994 folgte die auf einer zwölfjährigen Versuchstätigkeit basierende Habilitation über den Einfluss des Mondes auf das Pflanzenwachstum. Von Hofbesuchern wird Spieß gerne zu diesen Themen gelöchert; auch er ist von der Auswirkung des Mondes auf die Welt der Pflanzen überzeugt, bemerkenswerterweise aber steht er dem Thun'schen Kalender kritisch gegenüber.

Sehr komplex seien seine Versuche mit Saatzeiten gewesen, schließlich verändern sich ständig die natürlichen Bedingungen wie etwa Witterung, Bodenbeschaffenheit oder Dauer und Stärke des Sonnenlichts. Alles in allem habe er den von Thun postulierten Zusammenhang zwischen Pflanzenwachstum und Mondwirkung nicht bestätigen können. Manchmal sei er sogar zu völlig gegensätzlichen Resultaten gelangt, wie etwa bei der Möhre.

«Thun behauptete», so Spieß, «dass vor Vollmond gesäte Pflanzen verpilzen. Wir aber fanden bei der Möhre signifikante Mehrerträge und eine bessere Haltbarkeit beim Aussäen vor Vollmond.» Trotzdem spielt bis heute der Thun'sche Kalender, in dem es vor allem auch um Tierkreisbilder und Planetenkonstellationen geht, bei der Wahrnehmung des Demeter-Landbaus eine entscheidende Rolle. Häufig wird Bio-Dynamie auf das Klischee Mondkalender reduziert. All dem steht Spieß skeptisch gegenüber. Sicherlich, so mancher städtische Konsument sympathisiert mit einem Winzer, der seine Weine nach Mondkonstellationen auf Flaschen abfüllt; aber Landwirte etwa, die ihren Betrieb von konventionell auf biodynamisch umstellen wollen, lockt man damit nicht hinter dem Ofen hervor. Vor Jahrzehnten, so erinnert sich Spieß, wollten diverse Fraktionen, vor allem die Holländer, die Thun'schen Ideen in die Demeter-Richtlinien einbauen: «Glücklicherweise vergeblich. Die Aussaattage der Maria Thun stellen kein Kernstück des Biodynamischen dar.»

Meine Bemerkung, Mondkalender gehören eher in die Gartenzeitung, und da sind sie ja auch sehr beliebt, kommentiert Spieß: «Bei Gärtnern scheint eine Arbeitsorganisation nach den Rhythmen des Mondes umsetzbar zu sein, in unserer landwirtschaftlichen Praxis ist all dies nur sehr begrenzt anwendbar.»

Symbiotische Partner im chemischen Dialog: Wurzelbakterien sichern Stickstoff für Pflanzen

Im Juli warten alle Landwirte auf die Getreideernte, eine Art Ruhezeit auch auf dem Hof.

«Für uns stellt das Fahren mit dem Mähdrescher nicht gerade den Höhepunkt des Jahres dar. Da bin ich kein so großer Fan», erklärt Martin von Mackensen in Anspielung auf jene Landwirte, die gerne mit Höchstgeschwindigkeit über ihre Felder jagen. Die Motoren eines vollautomatisierten Mähdreschers, gleichgültig ob von John Deere oder von Ferrari, bringen es inzwischen auf 600 PS und dominieren die Getreidefelder Nordamerikas. Ein Vollernter für Weizen kostet 350000 Dollar, ist mit Kameras und Satellitensystemen ausgerüstet und fährt millimetergenau die Halme ab.

«Ich mag es, wenn die Landschaft zu blühen beginnt. Und Klee, das ist etwas, was mich begeistert.»

Klee ist eine Hülsenfrucht. 17000 Arten Hülsenfrüchtler sind bisher gezählt worden, kultiviert werden etwa 200, einige davon schon seit Jahrtausenden. Zu ihnen zählen Erbsen, Erdnüsse, Bohnen, Sojabohnen, Luzerne, Akazien, Mimosen, Besenginster, Johannisbrotbäume, Linsen. Mackensen buddelt mit einem Spaten in der Erde herum und zeigt mir weiße Kügelchen, sogenannte Wurzelknöllchen. Wer sich jemals in seinem eigenen Garten die Wurzeln von Erdnüssen oder Bohnen genauer angeschaut hat, dem springen diese Körnchen sofort ins Auge. Die Schwellungen beherbergen Bakterien, die sich in den Wurzelspitzen eingenistet haben.

Diese Bakterien haben im Verlauf der Evolution eine erstaunliche Eigenschaft entwickelt: Sie können den in der Luft vorkommenden Stickstoff in ihre eigenen Moleküle einbauen. Alle Pflanzen benötigen Stickstoff für ihr Wachstum. Exakter: Da sie den Stickstoff aus der Luft nicht direkt aufnehmen können, sind sie auf dessen Umwandlungsprodukte wie Ammonium (NH_4^+) oder Nitrat (NO_3) angewiesen. Ammonium und Nitrate kommen im Regen gelöst oder als Feinstaubablagerungen vor, außerdem entstehen sie bei Blitzentladungen. All dies versorgt die Pflanzen aber höchstens bis zu 10 Prozent mit dem für ihr Wachstum benötigten Stickstoff. Die Hauptzufuhr erfolgt über die sogenannte Stickstoff-Fixierung oder Stickstoffbindung. So wird ein viele einzelne Zwischenschritte umfassender Prozess bezeichnet, bei dem im Erdboden lebende Bakterien den atmosphärischen, also gasförmigen Stickstoff (N_2), zu Ammoniak (NH_3) umwandeln. Dieser kann dann von den Pflanzen als stickstoffhaltige Stoffwechselprodukte wie etwa Ammonium aufgenommen werden. Auch leben im Erdboden Bakterien, die Ammonium oxidieren können. Dabei entstehen Nitrate. Die Pflanzen absorbieren all diese stickstoffhaltigen Verbindungen mit ihren Wurzeln und bauen sie in ihren Organismus ein. Gewöhnlich wird der Stickstoff von den Wurzeln in Form von Aminosäuren und anderen Verbindungen zu den Sprossachsen transportiert.

Im Prinzip hängt das gesamte Leben auf der Erde von dieser Fixierung ab. Merkwürdig ist, dass es vielen Pflanzen an Stickstoff mangelt, obwohl dieser überall um sie herum in der Luft vorhanden ist.

Die Stickstoff-Fixierung stellt eine klassische Form der Symbiose dar, eine für beide Seiten vorteilhafte ökologische Beziehung. Die Bakterien verschaffen ihrem Wirt den lebensnotwendigen Stickstoff und erhalten im Gegenzug dafür Kohlehydrate. Geregelt wird diese Symbiose durch einen außergewöhnlichen Dialog: Um die Bakterien anzulocken, sondern die Wurzeln chemische Verbindungen ab; die angesprochenen Bakterien versenden ebenfalls Botenstoffe. Daraufhin strecken die Wurzeln ihre Härchen aus und wickeln sich um die Bakterien. Diese wiederum setzen sich in der Wurzelrinde fest. Neue Zellen bilden sich, unterdessen dringen die Bakterien weiter in die Wurzeln ein, irgendwann fusionieren die Zellmassen der beiden Partner. So formen sich jene weißen Knöllchen, die von Mackensen gerade in der Hand hält. Die Knöllchen wachsen weiter, transportiert wird der Stickstoff in Form von Aminosäuren und anderen Verbindungen von den Wurzeln zu den Sprossachsen. Außerdem stellen Pflanze und Bakterien zusammen ein Molekül namens Leghämoglobin her, das Sauerstoff für die Zellatmung produziert.

Alles in allem fixieren die Knöllchen unter günstigen Bedingungen mehr Stickstoff, als für das Gedeihen der Pflanze notwendig ist; den Überschuss scheiden sie als Ammonium aus. Dadurch verbessern sich die Struktur und der Nährstoffgehalt der Böden, was sich wiederum positiv auf das Gedeihen von Weizen und anderen Feldfrüchten auswirkt. In all diesen vielfältigen pflanzenbiologischen Mechanismen liegt die tiefere Bedeutung einer zwölfjährigen Fruchtfolge begründet, wie ihn die Landwirte auf dem Dottenfelderhof so engagiert und mühsam praktizieren.

«Wir bauen in einem Jahr eine Nicht-Leguminose wie Mais an, daraufhin folgt mit den Luzernen eine Leguminose. Diese werden nicht geerntet, sondern unter den Boden gepflügt», sagt von Mackensen und wühlt weiter mit den Fingern im Boden herum. Dabei erklärt er, dass die Böden auf dem Hof dank des Klees und der Luzerne jährlich zusätzlich zu jener Menge, die sie für das eigene Wachstum benötigen, mit ungefähr 200 Kilogramm Stickstoff pro Hektar angereichert werden.

«Im ökologischen Landbau stellen also die Leguminosen die Hauptstickstoffquelle zur Anreicherung des Bodens dar?»

«Ja», antwortet der Landwirt, um mir dann eine homöopathische Dosis Steiner'scher Ideen zu verpassen: «Der Klee ist wichtig, um eiweißreiche Nahrung zu verfüttern. Unsere konventionellen Kollegen dagegen kaufen Soja aus Übersee. Der Klee, und jetzt rede ich in der Steiner-Sprache, ist ein Blattelement. Als Gegenpol dazu muss in die Nahrung der Rinder aber auch ein Stengelelement gelangen, etwas Rohfaseriges, etwas Kohlehydratartiges. Dies wäre etwa das Gras mit seinen Halmen. Einerseits haben wir also die stengelige Rohfaser, andererseits das eiweißhaltige Blatt. Und beides führt zum entscheidenden Gleichgewicht in jeder Ration unserer Rindernahrung. Steiner behandelt dieses Thema unter dem Titel *Das Wesen der Fütterung* ausführlich im achten Vortrag des *Landwirtschaftlichen Kurses*.»

«Und was sagt Steiner über das Wesen der Fütterung?»

«Er sagt, dass beide Pole benötigt werden. Er sagt auch, dass das Futter aus demselben Betrieb kommen sollte. Das Rind verwertet die aus diesen beiden Polen stammende Nahrung, und somit verbleibt auch der Dünger, der ja aus diesem zweipoligen Futter stammt, in dem Betriebskreislauf. Es geht also nicht nur um einen Prozess der Erhaltung, sondern auch um ein Steuern, um ein Gestalten, um ein Formgeben. Man gibt dem Vieh etwas, das in dem Betrieb gewachsen ist, und so ist das Vieh dank seiner Organisation in der Lage, durch seinen Dünger dem Betrieb wieder etwas Essentielles zukommen zu lassen.»

Was Freiherr von Liebig über Düngung sagte

Jeder Boden enthält eine gewisse Menge an Nährstoffen, mit denen landwirtschaftlichen Produkte gedeihen können. Doch bei jeder Ernte wird dem Boden ein erheblicher Teil dieser Nährstoffe entzogen. Eine Zeitlang mag Landwirtschaft zum Nulltarif funktionieren: Als die Pioniere im Westen der USA sesshaft wurden und begannen, Böden nutzbar zu machen, waren diese sehr fruchtbar: Über Jahrtausende hatten sich auf dem Weideland der Bisons organische Substanzen angereichert und so Humus gebildet. Dagegen sind Böden in den Tropen nährstoffarm. Irgendwann muss landwirtschaftlich genutzte Erde angereichert werden, sie wird gedüngt. Die Düngung ist neben der Bodenbearbeitung wie etwa dem Pflügen sowie der Fruchtfolge eine der drei Hauptsäulen eines jeden Acker- und Pflanzenbaus.

Die Frage lautet nur: Womit wird gedüngt?

Prinzipiell unterscheidet man heutzutage drei Formen des Düngers: den organischen, den mineralischen wie etwa natürliche Kalisalze oder Kalk sowie den anorganisch-synthetischen Dünger. Letzterer wird auch Kunstdünger genannt. Seit den Anfängen des Ackerbaus stellen organische Substanzen wie Stallmist, Dung, Jauche, Kompost oder Grünzeug die Basis jeglicher Düngung dar; als Dung wird der Kot der Rinder und Schweine beziehungsweise aller Huftiere bezeichnet. Wer aber heutzutage in einen Baumarkt geht, um dort für seinen Garten etwas Gutes zu kaufen, greift im Allgemeinen zu einem Zweieinhalb-Kilo-Sack NPK-Dünger. Dieser enthält, wie der Name besagt, in erster Linie Stickstoff (N), Phosphor (P) und Kalium (K) sowie die Spurenelemente Kalzium und Magnesium. Angegeben wird das NPK-Verhältnis mit einem Zahlencode: Steht etwa auf der Verpackung 20–10–5, so bedeutet dies, dass der Dünger 20 Prozent N in Form von Ammonium oder Nitraten enthält, 10 Prozent P in Form von Phosphat sowie 5 Prozent K in Form von Kalisalzen. Hergestellt wird dieser Mineraldünger synthetisch, also chemisch-industriell. Zur Anwendung kommt dabei das sogenannte Haber-Bosch-Verfahren, benannt nach seinen beiden Erfindern, den deutschen Chemikern Fritz Haber und Carl Bosch. Dieses Verfahren stellt seit 100 Jahren den wichtigsten industriellen Prozess zur Produktion von Ammoniak dar, einer chemischen Verbindung von Stickstoff und Wasserstoff.

Es ist dieser Kunstdünger, der in der industriellen Landwirtschaft massenhaft zum Einsatz kommt, nicht aber im ökologischen oder biodynamischen Landbau.

Dezidiert mit Fragen der chemischen Düngung beschäftigte sich der deutsche Chemiker Justus von Liebig (1803–1873). In die Geschichte geht dieser Professor aus Gießen als wissenschaftliches Genie, cleverer Geschäftsmann und mustergültiger Exzentriker ein. Für viele Biodynamiker ist er eher jener böse Bube, der die chemische Komplettdüngung begründete. In der Tat vertrat Liebig die Auffassung, dass seine Disziplin, die Chemie also, sämtliche Probleme der Landwirtschaft und der menschlichen Ernährung lösen würde. Er publizierte mehrere einflussreiche Bücher dazu. Bemerkenswerterweise propagierte Liebig gerade nicht die absolute Notwendigkeit einer synthetischen Düngung: Zwar gab er den Ratschlag, anorganische Salze zum Erhalt der Bodenfruchtbarkeit einzusetzen, gleichzeitig behauptete er steif und fest, Stickstoff spiele für die Düngung überhaupt keine Rolle, da ihn alle Pflanzen direkt aus der Luft aufnehmen. Es reiche völlig aus, zur Düngung Stallmist zu verwenden.

Warum dann aber all die Aufregung um Liebig? Wie kam es zu seinem plötzlichen Ruhm in puncto Landwirtschaft, und warum wurden seine unverständlichen Bücher in alle wichtigen Sprachen übersetzt?

Vor allem war der Herr Professor ein cleverer Geschäftsmann. Indem Liebig ununterbrochen das wissenschaftliche Schreckgespenst eines verhungernden Abendlandes an die Wand malte, wurde er zum gern gesehenen Gast internationaler Akademien. Und so entwickelte Liebig selbst diverse Pulver, ließ sich diese patentieren und von einem in Liverpool ansässigen Laugensalz-Fabrikanten produzieren. Freilich: Deutsche und englische Landwirte, die diese Düngemittel kauften, erlitten mächtig Schiffbruch und zahlten viel Geld für Präparate, die absolut nichts taugten.

Auch bei Liebigs exzentrischer Auseinandersetzung um die wirtschaftliche Verwendung der Stuhlgangsprodukte spielte Geld eine wesentliche Rolle. Seinerzeit legte sich fast jedes Mitglied der Londoner Mittelklasse eine Toilette mit Wasserspülung zu. Entsprechend begann die Themse zu stinken, bei Niedrigwasser wurde sie zur reinen Kloake. Der Sommer 1885 ging als *The Great Stink* in die Geschichte ein. Schon vorher philosophierte Liebig über die Verschmutzung der Flüsse, den Wert des Klärschlamms und innovative Methoden der Abwasserverwertung.

1865 hatte Liebig einen offenen Brief an den Oberbürgermeister von London mit dem bezeichnenden Titel *Letters on the Subject of the Utilisation of the Metropolitan Sewage* verfasst. «Jeder einzelne Zug an der Kette des Spülkastens schwemmt wie die Sintflut viele nährende Stoffe hinweg», schrieb Liebig, der hier unbegrenzte Möglichkeiten des Geldverdienens ausmachte. Entlehnt hatte er seine Vorliebe für die

Verwendung von menschlichem Stuhl als Dünger dem chinesischen Landbau. Dessen Praktiken nachzuahmen, empfahl der Meister den erstaunten europäischen Landwirten. Man könne sich bei uns, so Liebig, gar keine Vorstellung «von all der Sorgfalt machen, welche der Chinese anwendet, um den Menschenkot zu sammeln». Der Deutsche gab auch zu bedenken, dass die chinesische Kultur im Gegensatz zur römischen Jahrtausende überlebt habe. Natürlich wollte von all dem Londons Oberbürgermeister nichts hören.

Dafür reiste 40 Jahre später eine Gruppe von Agronomen unter der Leitung von Franklin Hiram King für sechs Monate nach China, Korea und Japan. King publizierte sogar einen lesenswerten Reisebericht. Erlangt hat dieser im Laufe der Zeit Kultstatus. Hier finden sich so manche Schätze über die Wichtigkeit bleistiftlanger Regenwürmer und über Bauern, die jedes Fleckchen Land wie ein Luchs beäugen, damit der Kartoffelkäfer keine Chance hat. Höhepunkt sind detaillierte Beschreibungen zur Fäkalienverwertung. So erfährt man einiges über die wertvollen Inhalte hart gebrannter 500-Liter-Terracotta-Urnen: «Der Chinese vergeudet nichts.» Über all diese Ideen redet heute fast niemand mehr. Der größte Düngemittelproduzent der Welt ist inzwischen China, gleichzeitig auch der größte Verbraucher. Allein der europäische Markt für synthetische Düngemittel hat ein Volumen von 15 Milliarden Euro.

In der Tat arbeitet die konventionelle Landwirtschaft in den letzten 60 Jahren derart massiv mit synthetischem Stickstoffdünger, dass seit geraumer Zeit unter Ökologen der Ausdruck von den *versticken Böden* die Runde macht. Wer durch landwirtschaftlich genutzte Gebiete wandert, dem offeriert sich zumeist ein steriler Anblick. Sicherlich, da suggeriert das grelle Grün der gedüngten Fettwiesen oder das satte Gelb des Löwenzahns eine intakte Natur, aber dies ist ein trügerischer

Eindruck: Die Überdüngung hat dazu geführt, dass Löwenzahn häufig nicht nur im Frühjahr, sondern seltsamerweise auch ein zweites Mal im Herbst aufgeht; gleichzeitig führt diese Überdüngung zu einer Verdrängung jener Blumen und Kräuter, die ohne viel Stickstoff leben können und als Futter für Insekten wichtig sind. Auch ist ein Zuviel an Stickstoff manchen Tieren nicht sehr bekömmlich: Bei Raupen löst er Durchfall aus. Schmetterlinge, aber auch Regenwürmer, Heuschrecken, Marienkäfer oder Grillen werden durch den Stickstoff in Schach gehalten. Ohne Insekten fehlt geschlüpften Jungvögeln Nahrung. Die Situation ist derart absurd, dass Ökologen inzwischen einen höheren Reichtum an Tierarten in Städten als in landwirtschaftlichen Gebieten konstatieren. Für viele Arten ist der Stickstoff zum Erstick-Stoff geworden.

Zur Lehrbuchweisheit gehört inzwischen auch der Umstand, dass der größte Teil des durch Düngung zugeführten Stickstoffs wieder durch Auswaschung verlorengeht. Abhängig ist dieser Verlust von einer geringeren oder größeren Durchlässigkeit der Böden, vom Bodentyp und insbesondere von den Niederschlagsmengen. Je mehr es regnet, desto mehr Stickstoff gelangt mit dem Sickerwasser in den Untergrund. Der Stickstoff wird ausgewaschen und landet im nächsten Fluss oder See. Inzwischen haben ausgetüftelte Studien nachgewiesen, wie dürftig – oder besser: katastrophal – die Stickstoffbilanz der industriellen Landwirtschaft ist: Bei einem dänischen Milchbetrieb, dessen Stickstoff-Eintrag bei 10 000 Kilogramm lag, fanden sich in dem Biomasseertrag des Hofes, also im Fleisch, in der Milch und im Getreide, nur 1500 Kilogramm Stickstoff wieder. Mit anderen Worten: Über 8000 Kilogramm Stickstoff gingen während des Produktionsprozesses verloren, vornehmlich durch Auswaschung.

«Das komplette europäische Grünland», kommentiert von Mackensen die Situation in seiner drastischen Weise, «ist dank dieser extremen Stickstoffdüngung für den Arsch. Selbst an den Universitäten erzählen Ihnen inzwischen die Professoren, wie Grünland auch ohne Stickstoffdüngung zu bewirtschaften sei.»

Wie funktioniert das mit der Kuhscheiße wirklich?

Plötzlich wird die ländliche Ruhe durch einen ohrenbetäubenden Knall unterbrochen. Ein Böllerselbstschussgerät gehört zur Grundausstattung eines biodynamischen Bauernhofes mit angeschlossener Pflanzenzüchtung. Unzählige Spatzen fliegen hoch und machen sich aus dem Staub.

«Die Spatzen fressen uns die kostbare Ernte weg», erregt sich Hartmut Spieß und ruft einem auf dem Fahrrad vorbeifahrenden Kollegen zu: «Da hinten sind über 100 Spatzen.»

Um fünf Uhr in der Frühe habe er schon geschossen, aber die Vögel kommen ebenso wie interessierte Besucher immer wieder gerne auf das Versuchsfeld. Am Morgen begleitete er gar zwei Gruppen, einige Landwirte aus Frankreich, anschließend eine Abordnung des rheinland-pfälzischen Landwirtschaftsministeriums. Während die Franzosen aus ihrem Bus entstiegen und sofort über den Einfluss des Mondes auf die Pflanzenwelt sinnierten, herrschte bei der Delegation des Landwirtschaftsministeriums ein eher nüchterner Ton vor: Thematisiert wurden *on-farm research* im Betriebsorganismus sowie technische Aspekte der Getreidezüchtung. Ausführlich sprach Spieß über den schädlichen Einfluss diverser Pilzerkrankungen wie Flug- oder Steinbrand.

Inzwischen sind die Spatzen weitergeflogen, und wir sprechen über die Alternativen zur herkömmlichen Stickstoffdüngung. Immerhin beträgt der Jahresumsatz der deutschen Düngemittelindustrie allein schon 3,3 Milliarden Euro. Die seit über 100 Jahren vorgetragene Behauptung der Agrar-Business-Propagandisten, dass die Menschen dieser Welt ohne chemische Stickstoffdüngung überhaupt nicht ernährt werden könnten, kommentiert Spieß mit den Worten: «Dem ist mit Sicherheit nicht so.»

Er gibt zu bedenken, wie teuer die Herstellung von synthetischem Dünger sei: Um den in der Luft befindlichen Stickstoff mit Hilfe des Haber-Bosch-Verfahrens zu gewinnen und dann in Dünger umzuwandeln, bedarf es sehr viel Energie. Im Allgemeinen verwenden Düngemittelwerke Erdgas oder Propan und Ethylen. In den effizientesten Fabriken werden 0,6 Kilogramm Erdgas zur Herstellung von einem Kilogramm Stickstoff in Form von Ammoniak oder Ammoniumnitrat benötigt. Dies entspricht 0,8 Kilogramm Heizöl. Diese Berechnung stammt vom Industrieverband Agrar, einem Zusammenschluss von deutschen Unternehmen der Agrarwirtschaft und der Agrochemie. Andere Berechnungen gehen von einem bis anderthalb Liter Öl für die Herstellung von einem Kilogramm Stickstoff aus. Im Grunde genommen lassen sich so viele Berechnungen anstellen, wie man will: Die Düngemittelproduktion verbraucht Energie, und zwar nicht zu knapp.

«Und diese Energie», sagt Hartmut Spieß dazu, «steht nur wohlhabenden Ländern zur Verfügung. Außerdem müssen Sie sich fragen, was bei der Stickstoffdüngung tatsächlich geschieht.»

«Und was passiert wirklich?»

«Zuerst einmal wird das Pflanzenwachstum gesteigert, die Zellneubildung gefördert. Damit geht der Ertrag in die Höhe. Aber ich muss zusätzlich alle anderen Nährstoffe auch düngen. Damit das benötigte Nährstoffverhältnis erhalten bleibt, müssen Kali, Phosphor, Kalzium, Schwefel und Magnesium mit in den Boden eingebracht werden.»

«Was heißt dies konkret?»

«Wenn ich einen Teil Stickstoff dünge, dann muss ich null Komma acht Anteile Phosphor und ein Komma zwei Teile Kali düngen. Im Blaukorndünger, dem NPK-Dünger also, sind diese drei Hauptnährstoffe ja enthalten. Man sagt, dass die Phosphorvorräte in 80 Jahren aufgebraucht sind. Was passiert dann?»

«Sie verwenden also niemals Kunstdünger?»

«Rudolf Steiner hat gesagt, dass der Stickstoff, der aus der Luft stammt, von zweifelhaftem Wert sei. Populärwissenschaftlich könnte man sage: Der Stickstoff aus der Luft ist tot.»

«Das hat Steiner wirklich gesagt?»

«Steiner sagt», antwortet Spieß, «dass die Düngung zu einer Verlebendigung des Bodens führen solle. Aber mit dem Stickstoff aus dem Boden und dem aus der Luft sei es wie mit dem Unterschied zwischen einem toten und einem lebendigen Menschen.»

«Und was ist da der Unterschied?»

«Stofflich ist beides natürlich gleich. Ein gerade Verstorbener sieht genauso aus wie ein noch Lebender, aber Ersterer ist nun einmal tot. Und auf diesen Unterschied zwischen Totem und Lebendigem hat sich Steiner konzentriert. Der Stickstoff, den sich die Pflanzen aus dem Boden ziehen, ist ein anderer Stickstoff als der im synthetisch hergestellten Dünger. Dieser stammt ja aus der Luft und wird durch das Haber-Bosch-Verfahren gewonnen. Der Stickstoff aus der Luft ist tot, der im Boden, da durch einen Lebensprozess gegangen, ist lebendig, er ist gleichsam verlebendigt worden. Deshalb benötigen wir auch für unsere Fruchtfolge einen Leguminosen-Anteil von 30 Prozent. So versorgen wir auf dem Dottenfelderhof unsere Pflanzen mit dem nötigen Stickstoff.»

«Was wiederum mehr Arbeit bedeutet?»

«Ja, aber dieser natürliche Prozess stellt eine Art Kraftwerk dar, das uns nichts kostet. Es funktioniert dank der Sonnenenergie. Dagegen funktioniert der Stickstoff, der aus dem Düngersack kommt, über das Öl. Der gedüngte Stickstoff verkörpert Erdöl-Energie. Und Öl ist auch nur noch 40 Jahre verfügbar.»

«Darüber streiten sich die Experten. Dass Öl nur noch 40 Jahre verfügbar sei, wird nun auch schon seit fast 40 Jahren prognostiziert.»

«Lassen Sie es 150 Jahre sein. Prinzipiell kann es nicht angehen, dass Stickstoff über eine derart intensive energetische Methode wie das Haber-Bosch-Verfahren gewonnen und eingesetzt wird. In den zwanziger Jahren des letzten Jahrhunderts wurden zwanzig Doppelzentner Weizen pro Hektar geerntet, heutzutage kommt man im konventionellen Landbau auf siebzig bis hundert Doppelzentner. Wir reden also über eine Vervierfachung oder gar Verfünffachung des Ertrags, hervorgerufen insbesondere durch den synthetischen Stickstoff und die Züchtung, aber auch durch den Pflanzenschutz.»

«Wie hoch sind die Erträge auf dem Dottenfelderhof?»

«Beim Weizen liegt der Durchschnitt im ökologischen Landbau bei ungefähr vierzig bis fünfundvierzig Doppelzentner pro Hektar.»

Zusätzlich gibt Spieß zu bedenken, dass der synthetische Stickstoff vor allem in den Industrienationen zum Einsatz komme: «Dort herrscht aber kein Hunger. Dieser herrscht in Ländern, deren Bauern sich Stickstoffdüngung und chemischen Pflanzenschutz gar nicht leisten können. All dies ist dort viel zu teuer. Diese Länder müssen ihre Ressourcen bestmöglich ausnutzen, sie müssen ihre Landbausysteme mit optimalen Fruchtfolgen, organischer Düngung und schonender Bodenbearbeitung entwickeln.»

«Apropos Bodenbearbeitung. Es gibt doch Grenzen Ihrer Methoden. Was machen Sie bei längerer Nässe und Feuchtigkeit?»

«Es existiert eine Vielzahl zugelassener Mittel auf pflanzlicher Basis. Auch würde ich das biodynamische Hornkieselpräparat spritzen.»

«Aber was machen Sie wirklich, wenn die Parasiten mit voller Wucht kommen? Kupfer?»

«Der Einsatz von Kupfer ist bei Demeter verboten. Zwar nicht im Weinanbau oder Obstbau, aber im Ackerbau. Allerdings gab es im letzten Jahr witterungsbedingt heftige Probleme mit dem Erreger der Kraut- und Knollenfäule bei der Kartoffel. Viele Demeter-Betriebe beantragten Ausnahmegenehmigungen, weil sie sich nur mit Kupferspritzungen zu helfen wussten.»

In der Tat sorgte im Jahr 2016 anhaltender Regen in Nordfrankreich und Deutschland für arge Nöte. Es gab Ökowinzer, die angesichts eines drohenden Totalschadens wieder auf konventionell umstellten. Vor allem haben diese Attacken gezeigt, wie notwendig widerstandsfähige Sorten für den Öko-Landbau sind. In der Vergangenheit sei die Züchtung auf Krautfäule-Resistenz total vernachlässigt worden. Spieß zückt einen Brief aus seinen Unterlagen, er möchte beim Bundessortenamt eine neue Kartoffel anmelden. Diese sei seit zehn Jahren auf dem Dottenfelderhof kultiviert worden, sie zeichne sich durch eine hohe Widerstandsfähigkeit gegenüber Knollenfäule aus.

«Was spritzen Sie eigentlich gegen den Kartoffelkäfer?»

«Da verwenden wir etwa Novodor. Gewonnen wird dieses Präparat aus dem Bakterium *Bacillus thuringiensis*. Die Bakterien produzieren entsprechende Gifte. Zugelassen ist auch Azadirachtin, ein Öl aus dem indischen Niembaum.»

Kosmos und Kompost: Die biodynamischen Präparate

Neben diesen im Öko-Anbau erlaubten Mitteln arbeiten die Demeter-Landwirte mit ihren Präparaten. Die Idee zu diesen Pulvern konzipierte Steiner in seinem *Landwirtschaftlichen Kurs:* Gewonnen werden diese Präparate aus Pflanzenteilen, Kuhmist oder Quarzmehl. Vor ihrem Einsatz vergräbt man die Materialien für ein halbes Jahr im Allgemeinen in den Hüllen tierischer Organe.

Zur Herstellung der Präparate werden die Hüllen entfernt. Zum Einsatz als Spritzpräparate kommen der sogenannte Hornmist, für dessen Herstellung Rinderdung in ein Kuhhorn gefüllt wird, und der Hornkiesel, bei dem Quarzmehl in das Horn geschlämmt wird. Präparierte Kamille, Eichenrinde, Löwenzahn, Schafgarbe, Brennnessel und Blütenextrakt des Baldrians sind jene Materialien, die dem organischen Dünger zugesetzt werden: Eine teelöffelgroße Menge landet auf einem großen Haufen Mist, in der Gülle oder in der Jauche. Auch die Pflanzen werden speziell zubereitet. So wird die Schafgarbe für ein Jahr in der Blase eines Hirsches eingelagert. Für Schafgarbe bestand Steiner auf Edelwild. Kamille kommt in einen Rinderdarm, während Eichenrinde etwa ein halbes Jahr in einem Tierschädel konserviert wird. Dabei handelt es sich um den Schädel eines landwirtschaftlichen Haustieres wie Schwein, Pferd oder Rind, das nicht älter als ein Jahr alt war. Auch bei der verwendeten Rinde hatte Steiner durchaus extravagante Vorstellungen: Sie sollte eine «bröselige Konsistenz, eine bröselige Struktur haben».

Die wohl überwiegende Mehrheit der Agrarwissenschaftler hält all dies für Falschmünzerei; beinharten Materialisten ist diese Mischung aus Strahlung, Kosmos und Kompost allenfalls eine zynische Bemerkung wert. Stets handelt es sich ja immer nur um sehr, sehr geringe Mengen, die auf einem Acker landen.

Wer Anthroposophen auf die Wirkungsweisen dieser Präparate anspricht, erhält erstaunlicherweise recht unterschiedliche, wenn nicht gar widersprüchliche Antworten. Frank und frei wird da etwa behauptet, man könne all dies gar nicht mit den herkömmlichen Ursache-Wirkungs-Verhältnissen der klassischen Wissenschaft begreifen. Oder aber es wird erklärt, das Ausbringen der Präparate ähnle einem Segnen des Bodens.

Martin von Mackensen etwa gesteht zu, hier mit «quälenden Fragen» konfrontiert zu werden: «Ja, man hat also diese Merkwürdigkeit, dass etwas in einem tierischen Organ in den Bodenprozessen ruht und dann hochgradig verdünnt dem Dünger beigegeben wird. Aber schauen Sie sich doch einmal etwas um: Die Benediktinerinnenabtei Fulda verkauft ein Blattspritzmittel und Düngemittel, das exakt aus diesen Pflanzen gewonnen wird. Die Abtei bereitet es zwar nicht wie wir mit tierischen Organen auf, aber es wird auch homöopathisch angewendet. Ich habe mir das Mittel bestellt, es wird weltweit vertrieben und scheint seit vielen Jahrzehnten ein großer Hit zu sein.»

«Bei allem Respekt», sage ich eines Morgens zu Hartmut Spieß, «diesen Vergleich mit den homöopathischen Arzneimitteln empfinde ich eher als eine unbefriedigende Aushilfsargumentation. Niemand weiß, wie Homöopathie funktioniert. Letztlich reden wir hier über die Macht der Einbildung. Wogegen ja manchmal nichts zu sagen ist.»

«Entscheidend ist, ob es wirkt», erwidert der Pflanzenforscher. Mit seinen Feldversuchen begann Spieß an der Universität Gießen und setzte diese dann auf dem Dottenfelderhof fort. Bei seinem Ziel, die Wirksamkeit der Präparate nachzuweisen, hat sich Spieß vor allem auf das Kiesel- und das Kuhmistpräparat sowie die Schafgarbe konzentriert.

«Wenn es wirkt, muss es eine Ursache dafür geben. Mir zu erzählen, man könne bei den Präparaten aus dem wissenschaftlichen Begründungszusammenhang herausspringen, ist Unsinn.»

«So würde ich auch nicht argumentieren», sagt Spieß. «Ich denke auch, dass es bei einer vorhandenen Wirkung eine Ursache geben muss.»

«Okay, da kommen wir uns ein bisschen näher.»

«Für mich haben wir es hier in erster Linie mit einer Methodenfrage zu tun», erklärt Spieß seine Position.

«Das meint was?»

«Verfüge ich über eine geeignete Methode, um eine Wirkung nachzuweisen? Ich gebe gerne zu, dass es derzeit eine biodynamische Pseudoforschung gibt, die einfach irgendwelche positiven Wirkungsweisen der Präparate in den Raum stellt. Dabei handelt es sich nicht um wissenschaftliche Versuchsanstellungen mit Wiederholungen, statistischen Auswertungen und abgesicherten Erkenntnissen. Wir dagegen auf dem Dottenfelderhof versuchen, mit der naturwissenschaftlichen Methodik die Wirkung der Präparate nachzuweisen. Wir vergleichen biodynamische Wirtschaftsweise mit biologischer, einmal mit Kiesel, das andere Mal ohne. Dies praktizieren wir seit 1974 mit verschiedenen Kulturpflanzen. Wir spritzen das Hornkieselpräparat auf die Pflanzen und haben bei Möhren, Kartoffeln und Zuckerrüben Ertragssteigerungen von 20 Prozent. Dies sind Pflanzen, bei denen das vegetative Pflanzenorgan geerntet wird. Beim Getreide, hier wird das reproduktive Pflanzenorgan geerntet, treten die Effekte nicht immer so eindeutig in Erscheinung. Dezidiert erhöhte sich durch das Spritzen mit Hornkiesel der Selbstschutz der Pflanzen.»

«Sagen Sie.»

«Das haben auch Untersuchungen des Bundesforschungsinstituts für Kulturpflanzen festgestellt. Wir verfügen durchaus über statistisch gesicherte Aussagen. Lege ich aber das stoffliche Prinzip zugrunde, dürfte das Präparat gar nicht wirken. Einfach deshalb, weil nicht genügend Stoff, also Kiesel, auf die Pflanzen kommt. Beim Kiesel etwa werden nur einige wenige Nanogramm auf eine Getreidepflanze gesprüht.»

«Daher befinden Sie sich in einer Zwickmühle?»

«Ja, es bleibt die Frage, wie diese Präparate wirken.»

«Und Ihre Antwort?»

«Es ist eine Art Information, die dabei wirkt.»

«Eine Information?»

«Ja, und dabei muss ich auf Denkmodelle zurückgreifen, die die moderne Naturwissenschaft anbietet. Und diese kommen aus der Elementarteilchenphysik.

Nehmen Sie das sogenannte Einstein-Rosen-Podolsky-Theorem: Es existieren zwei Elektronen, die unendlich weit voneinander entfernt sind und doch miteinander in Kontakt bleiben können. Wie kann das eine Elektron von dem anderen wissen? Da geschieht etwas, das nur erklärbar wird, wenn wir den Faktor Zeit wegnehmen oder uns andere Wirkungsmöglichkeiten vorstellen.»

«Sich in diesem Zusammenhang auf Albert Einstein zu berufen, erscheint mir doch etwas zu dick aufgetragen.»

«Letztlich betrachten wir unsere Präparate als Konstitutionsmittel, wie sie auch in der Homöopathie eingesetzt werden», sagt Spieß. «Die Homöopathen sprechen ja auch davon, dass dabei nicht mehr das stoffliche, sondern das geistige Prinzip wirkt.»

So geht es noch eine Weile, auf einen Nenner kommen wir dabei nicht.

Die Feldspritzpräparate: Kuhmist und Hornkiesel

«Wo sind nur die Hörner?»

Martin von Mackensen und mehrere Landbauschüler und Schülerinnen trotten über eine Weide des Dottenfelderhofes, schauen sich suchend um und fixieren mit ihren Augen eine bestimmte Stelle.

«Zwölf Meter von dem Baum entfernt, da haben wir sie vergraben», erklärt ein älterer Herr mit einem langen weißen Bart, ein jetzt auf dem Hof seinen Lebensabend verbringender Senior-Landwirt. Vor einem halben Jahr hat er dabei geholfen, die Hörner einzugraben. In die Öffnungen wurde zuvor gemahlener Quarzit hineingeschlämmt. Unmittelbar führt Steiners Analyse zu zwei praktischen Methoden, denen mit Kuhmist sowie mit Hornkiesel. Originalton Steiner: «Nehmen wir Dünger, wie wir ihn bekommen können, stopfen wir damit ein Kuhhorn aus und geben wir in einer gewissen Tiefe das Kuhhorn in die Erde. Wir können ja einen guten Boden dazu, der nicht sandig ist, auswählen.»

Detailliert entwarf Steiner im Rahmen seines Kurses den Umgang mit beiden Spritzpräparaten: «Sehen Sie, dadurch, dass wir nun das Kuhhorn mit seinem Mistinhalt eingegraben haben, dadurch konservieren wir im Kuhhorn drinnen die Kräfte, die das Kuhhorn gewohnt war, in der Kuh selber auszuüben, nämlich rückzustrahlen dasjenige, was Belebendes und Astralisches ist. Das ganze Lebendige wird konserviert in diesem Mist, und man bekommt dadurch eine außerordentlich konzentrierte, belebende Düngungskraft in dem Inhalte des Kuhhorns.»

Nach einem halben Jahr wird das Horn wieder ausgegraben, aus dem inzwischen verfestigten Rindermist entsteht das Kuhmistpräparat: Der Mist aus dem Horn wird eine volle Stunde lang händisch mit einer Rührstange in erwärmtem Wasser verrührt. Der Geistesforscher spricht bei diesem Prozess von dynamisieren.

Verbunden ist dieser Prozess mit einer gehörigen Portion Arbeit. Später wird das Präparat über den Boden gesprüht. Angesagt ist eine Behandlung am Nachmittag, möglichst im Herbst und im Frühjahr an einem bedeckten Tag. Empfohlen wird den Demeter-Betrieben derzeit, einen Hektar Land mit 120 bis 300 Gramm dieses Präparats zu besprühen, dabei sollen 50 bis 100 Liter Wasser pro Hektar verbraucht werden. Das gleiche Prinzip kommt beim Hornkieselpräparat zum Tragen: Quarz oder Kieselsteine werden zu Staub zerrieben, in das Kuhhorn gefüllt und vergraben.

«Es handelt sich um Taunusquarzit, ein Silikatgestein», erklärt von Mackensen für den geologischen Kenner, in Anspielung auf jenes harte, weißgraue Felsgestein, das die mächtigen Gebirgsmassen des Taunus viele hundert Meter tief prägt. Entstanden ist Quarzit aus Sandstein: Dieser besteht im Allgemeinen aus verkitteten Quarzkörnern, die unter hohem Druck größer werden. Sind die Porenräume irgendwann einmal völlig geschlossen, liegt Quarzit vor.

Ebenso wie der Kuhmist wird der teigige Kiesel oder Quarzit nach dem Ausgraben des Horns eine Stunde lang in Wasser angerührt. Das Präparat wird auf die Pflanzen gesprüht, es soll deren Widerstandsfähigkeit sowie die Fruchtbildung fördern. Gespritzt wird entweder frühmorgens oder nachmittags, etwa acht bis zehn Gramm pro Hektar auf 50 bis 100 Liter Wasser.

Es ist Oktober. Während das Kuhhorn mit dem Mist «überwintert», also im Herbst eingegraben wird und im Frühjahr wieder zum Vorschein kommt, lässt man das Horn mit dem Kiesel, so Steiners Anweisung, «übersommern».

«Sie haben einen genaueren Schritt», kommentiert der ältere Herr den Versuch einer jungen Frau, die Stelle zu finden, an der vor einem halben Jahr die Hörner eingegraben wurden. Ein Landbauschüler hat einen Spaten mitgebracht und beginnt zu ackern. Gesucht wird als Anhaltspunkt ein Holzkeil, der zusammen mit den Hörnern vergraben wurde. Der Landbauschüler attackiert mit dem Spaten den Weideboden und gräbt die Erde um. Er zieht sein Hemd aus und arbeitet weiter. Ein Pfosten kommt zum Vorschein. Die Experten sehen an der schwarz-löchrigen Beschaffenheit des Holzes, dass es sich um das Überbleibsel einer älteren Eingrabung handelt.

«Weitergraben», heißt also die ausgegebene Devise. Von Mackensen beginnt, mit den Händen die Erde beiseitezuschaufeln.

«Da ist noch ein Pfosten, der sieht gut aus.»

«Weitergraben. Hörner sind nicht empfindlich.»

«Wie viele Hörner liegen hier vergraben?»

«Zehn.»

«Miss das noch einmal mit einem Zollstock nach!»

«Warum wurde ausgerechnet dieser Ort hier genommen?»

«Die Hörner sollten in einem guten Boden lagern und unter einer Weide.»

«Und der Baum dient der Orientierung?»

«Ja, Bäume sind besser als Strommasten. Ich habe mir einmal einen Strommast ausgesucht, vor einigen Jahren, und der war dann über den Winter plötzlich verschwunden.»

«Im Frühjahr und Herbst ist die Wetterau ein stürmischer Landstrich.»

«Ich möchte, dass Sie einen sinnlichen Eindruck davon erhalten, wie wir mit den Kuhhörnern umgehen», hatte von Mackensen zu Beginn der Suche zu mir gesagt.

«Was passiert, wenn Sie die Hörner gefunden haben? Legen Sie diese ans Tageslicht, um anschließend den Kiesel herauszuholen?»

«Ja.»

«Und die Dosis für das Spritzen mit dem Kieselpräparat ist geringer als diejenige beim Hornmist?»

«Der Hornkiesel wird in einer Größe angewendet», antwortet von Mackensen, «die unter einem Promille liegt. Der Hornkiesel ist das Mittel, das am meisten verdünnt wird. Es ist praktisch unser homöopathischstes Mittel. Auf ein Wasserfass mit einem Fassungsvermögen von zweihundert Litern fügen wir eine Messerspitze Hornkiesel hinzu.»

«Und?»

«Normalerweise denken die Leute, dies sei alles reiner Mystifax. Aber 77 Prozent aller Deutschen halten Naturheilverfahren für wirksam und wenden diese auch an. Die wenigsten wissen jedoch, wie diese Mittel hergestellt werden.»

«Und wie soll das mit dem Kiesel konkret funktionieren?»

«Zum Einsatz kommt der Hornkiesel, um die Fruchtbildung zu fördern. Er unterstützt das Ausreifen der Pflanzen. Der Hornkiesel steigert auch die Qualität der Frucht. Das Hornmistpräparat wird dagegen auf den Boden und die Pflanze gesprüht, wenn diese gerade zu wachsen beginnt. Das Hornkieselpräparat hilft der Pflanze, schneller eine Infektion zu überwinden. Es regt beispielsweise die Pflanze dazu an, eine dickere Wachsschicht auszubilden. Die Wirksamkeit des Hornkiesels ist inzwischen sehr gut dokumentiert.»

Dann fügt von Mackensen hinzu: «Die Ergebnisse sind wissenschaftlich gesichert. Das alles ist inzwischen salonfähig.»

Was immer er hier mit wissenschaftlich gesichert meint, es wird kräftig weitergebuddelt. Dabei zeigt der ältere Herr den

Umherstehenden Zeichnungen, auf denen die früheren Stellen mit Vergrabungen von Hörnern dokumentiert sind. Ein Landbauschüler kommentiert: «Demnächst suchen wir die Hörner besser mit Hilfe eines satellitengestützten Navigationssystems. Das geht schneller.» Ein anderer Schüler sagt zu mir: «Bedenken Sie, eine Handvoll Erde mit Kuhmist beherbergt mehr Leben, als Menschen auf der Erde wohnen.» Irgendwann wird man fündig, und es geht zügig zurück zu den Gebäuden. Dort werden die kostbaren Hörner in einen Raum transportiert und aufs Fensterbrett gelegt. Sie sollen, so Rudolf Steiners ausdrücklicher Wunsch, bis zur Weiterverarbeitung Kontakt mit dem Sonnenlicht haben.

Warum haben Kühe Hörner?

Warum haben Kühe Hörner?

«Wie bitte? Kühe haben Hörner?»

Ich erinnere mich gut daran, wie ich ins Grübeln geriet, als mir ein Biodynamiker etwas vom Kuhhorn erzählte. Immerhin bemerkte ein befreundeter Zoologe, dass viele Kinder heutzutage annähmen, Kühe seien hornlose Wesen.

Als Kuh bezeichnet man bei Rindern das erwachsene weibliche Tier nach dem ersten Kalben. Und damit einmal die Benennungen klar dargestellt werden: In der Zeit davor ist das geschlechtsreife weibliche Rind eine Färse, das ganz junge, noch nicht geschlechtsreife Rind in seinem ersten Lebensjahr ist das Kalb. Eine Kuh ist etwa 27 Monate alt, wenn sie das erste Kalb zur Welt bringt. Das geschlechtsreife Männchen bei Rindern heißt, ebenso wie bei Giraffen und Elefanten, Bulle, bei Hausrindern auch Stier, Farren oder Fasel. Der Ochse ist ein kastriertes männliches Hausrind.

Rinder zählen mit ungefähr 100 anderen Arten wie den Ziegen, Antilopen oder Schafen zu den sogenannten Hornträgern oder Boviden. Diese wiederum gehören zur Familie der Paarhufer. Charakteristisch für Boviden sind die bei den verschiedenen Arten sehr unterschiedlich ausgestalteten, paarweise vorkommenden Hörner. Genannt werden diese auch Gehörn. Im Allgemeinen wird ein Gehörn im Gegensatz zum Geweih der Hirsche nicht gewechselt. Das Hirschgeweih gilt unter Evolutionsbiologen als klassisches Beispiel für eine natürliche wie auch eine sexuelle Selektion: Geweihe treten – die Ausnahme bilden die Rentiere, bei denen auch Weibchen ein Geweih ausbilden – nur bei Männchen auf. Zum Einsatz gelangen Geweihe als Waffen im Kampf mit Rivalen. Aber Geweihe stellen auch einen Schmuck dar, mit dem man Weibchen imponieren kann. Diese zeigen sich beeindruckt, und so erhöht sich der Fortpflanzungserfolg eines Hirsches mit prächtigem Geweih.

Das heute vom Menschen gezüchtete Hausrind *Bos primigenius taurus* stammt vom inzwischen ausgestorbenen Auerochsen ab. Im 6. Jahrhundert v. Chr. begann man in weiten Gebieten Vorderasiens, Rinder zusammen mit Ziegen, Schafen und Schweinen sowie Wildpflanzen wie Weizen, Gerste, Linsen und Flachs zu domestizieren. Dies stellte den Ausgangspunkt für die Entwicklung der modernen asiatisch-europäischen Ackerbaukultur dar. Ursprünglich waren Kühe Arbeitstiere und Fleischbeschaffer, später kam man auf den Geschmack und trank auch ihre Milch.

Das Gehörn der Rinder besteht aus einem dem Stirnbein aufsitzenden Zapfen, der von einem hohlen Überzug umhüllt ist. Erstaunlicherweise sind bei den Rindern zumeist beide Geschlechter horntragend. Also haben Kühe selbstverständlich Hörner. Diese haben sich entwickelt, damit die Tiere in der freien Wildbahn ihren Nachwuchs vor Angreifern wie

Wölfen oder Schakalen verteidigen können. Bullen dagegen verwenden die Hörner im Kampf untereinander.

Als erster Biologe zerbrach sich Charles Darwin den Kopf über das Gehörn. Er fragte sich, warum es spezielle, auf die Männchen beschränkte Waffen gibt und warum manchmal beide Geschlechter mit den gleichen Waffen ausgestattet sind. Am Beispiel der Rentiere entwickelte er die Idee, dass Hörner von Weibchen, modern gesprochen, eine neutrale Evolution repräsentieren; da das Gehörn einem Weibchen wohl nichts nutze, habe es sich zufällig bei ihm durch erbliche Übertragung von Seiten des Männchens herausgebildet.

Der Evolutionsbiologe Amotz Zahavi stellte 1997 eine weitere Spekulation an: Ein erster Schritt hin zu einem Horn könnte das Auftreten kleiner weicher Ausstülpungen gewesen sein. Diese etwa dienten dazu, die Blickrichtung zu signalisieren. In der Tat können Kühe nicht sehr weit sehen, ab zehn Metern nehmen sie nur Umrisse oder Bewegungen wahr, ein Horn dient also auch der Orientierung. Durch weitere genetische Veränderungen seien diese ersten Hornansätze stärker und schärfer geworden, so dass sich dann auch bei den Weibchen wirksamere Waffen gegen kleinere Räuber herausbildeten. Weitere Veränderungen in Kompliziertheit und Mächtigkeit von Hörnern seien auf die Männchen beschränkt gewesen; weibliche Säugetiere etwa müssen viel Energie auf Geburt und Aufzucht des Nachwuchses aufwenden, sie können es sich gar nicht leisten, viel Kraft in irgendein Imponiergehabe zu investieren. «Das erklärt», so Zahavi, «die enorme Größe und das Gewicht männlicher Hörner und die vielen komplizierten Formen, die sie annehmen können. Im Gegensatz dazu haben die Weibchen, wenn sie überhaupt Hörner haben, gewöhnlich kleine, scharfe, nützliche Hörner, mit denen sie sich vor Feinden schützen können.»

Kühe haben also Hörner, aber sehr, sehr selten in der traditionellen Landwirtschaft. Schätzungsweise 80 Prozent der in Deutschland lebenden Kühe sind hornlos. Auch im biologischen Landbau ist Hornlosigkeit gang und gäbe. Die Kühe auf dem Dottenfelderhof lassen sich so gesehen gleichsam als unnatürlich charakterisieren. Kein Schulkind muss sich dafür schämen, wenn es von seinem Biologielehrer nie über die wahre Bedeutung des Kuhhorns aufgeklärt wurde. Denn was passiert?

Kommt ein Kalb zur Welt, wird innerhalb von sechs Wochen der Lötkolben aus dem Werkzeugschrank geholt. Diesen wirft der Bauer oder ein anderer Spezialist an. Kurzerhand und zielsicher wird der Brenner auf den beginnenden Hornansatz des Tieres gedrückt. So werden die Nerven- und Blutzellen am Gestirn abgetötet, jeder weitere Hornwuchs ist ausgeschlossen. Statt eines Lötkolbens verwenden Landwirte gerne auch Brenneisen.

Einen ausgezeichneten Überblick über die entsprechenden Geräte bieten die einschlägigen Zeitschriften. Gelobt wird etwa in der Dezemberausgabe 2013 von *top agrar* das Enthornungsgerät Eider. Dies ist robust und liegt exzellent in der Hand. Um ein zu tiefes Eindringen sowie Verletzungen durch Abrutschen auszuschließen, seien freilich angesichts der hohen Brenntemperaturen Erfahrung und Aufmerksamkeit erforderlich. Unerfahrene Landwirte sollten daher durch Fachkräfte angelernt werden. Schnellkurse in Enthornung finden sich im Angebot der diversen Rinderzuchtvereine dieser Welt.

In der Schweiz sind Enthornungen prinzipiell nur unter Betäubung erlaubt. Verboten sind auch in Deutschland Eingriffe an Tieren ohne vorherige Betäubung, im Allgemeinen. Kälber unterliegen dieser Tierschutzregelung bis zum Alter von sechs Wochen nicht. Warum auch? Betäubungsmittel, und seien es nur solche für Jungtiere, kosten Geld.

Wie immer hat die Lobby gute Arbeit geleistet. Die Vertreter der industriellen Landwirtschaft argumentieren, dass sich für die Kälber «das Leiden lohnen» würde. Schließlich werden die Tiere später in einer modernen Unterbringung namens Boxenlaufstall gehalten, in dem sie nicht mehr angebunden werden müssen und nur zum Fressen oder Ausruhen in ihren Boxen Platz nehmen. Damit die Tiere sich in diesen Ställen nicht mit den Hörnern verletzen, dürfen diese gar nicht erst zum Vorschein kommen. Freilaufende Kühe könnten sich ja bei Rangkämpfen in der Herde gegenseitig schwer verletzen, lautetet die Argumentation. Alles in allem gelten enthornte Kühe beim durchschnittlichen Bauern als sicherer, wirtschaftlicher und umgänglicher als Tiere mit den gefährlichen Hörnern. Dabei spielt es keine Rolle, dass die domestizierten Kühe ihr Gehörn zwar nicht mehr zur Verteidigung gegenüber Feinden benötigen, dieses aber offensichtlich eine gewichtige Rolle bei der Kommunikation untereinander spielt. Man muss nur einmal für längere Zeit Kühe mit Hörnern auf einer Weide genauer beobachten.

Eine Kuh macht Muh, viele Kühe machen Mühe

Kurze Zeit darauf ist der rastlose von Mackensen schon wieder im Stall bei seinen Kühen mit ihren Hörnern.

«Eine Kuh macht Muh, viele Kühe machen Mühe», erklärt er. Die Mühe beginnt jeden Morgen pünktlich und täglich um Viertel nach fünf. Kühe kennen kein Wochenende. Bewegung hat die Kuhherde im Sommer auf der Weide und im Winter im Laufstall sowie einer speziellen offenen Auslauffläche, und dies am Tag und in der Nacht. Nur zum Fressen und Melken kommen die Tiere frühmorgens und nachmittags in den Anbindestall. In der gängigen Viehwirtschaft ist der Weidegang mehr oder weniger abgeschafft. 80 Kühe, 50 Kälber und zwei Bullen bilden das Herz dieses biologisch-dynamischen Hofes.

«Unser landwirtschaftlicher Betrieb, den wir als Organismus pflegen, bekommt durch die Tätigkeit der Kuh einen geschlossenen Charakter», sagt der Landwirt.

Erzeugt wird das komplette Futter für die Herde auf dem Hof; die Rinder leben mit der Erde, und die Erde lebt dank der Kuhfladen von den Rindern. Eine Dottenfelderhof-Kuh produziert Dünger für ein Hektar Ackerland.

«Was denken Sie, was so eine Kuh wiegt», fragt mich ein junger Mitarbeiter, der gerade die Kühe füttert. «Kühe haben kräftige Knochen, es sind muskulöse Tiere.»

«500 Kilogramm?»

«Etwas mehr, so zwischen 600 und 700 Kilogramm.»

Die Tiere stehen in einer langen Reihe an ihren Plätzen in dem großzügig angelegten Bau. Ein Tor führt hinaus auf einen Weg zu den Weiden, durch das andere Tor kommen die Tiere nach dem Auslauf wieder in den Stall. Jede Kuh kennt ihren Futterplatz.

«Unsere Kühe sind sehr verwöhnt», fährt der junge Mann fort. «Im Sommer werden sie mit dem Gras der Weiden oder mit Klee und Luzerne vom Acker gefüttert. Im Winter erhalten sie Futterrüben, Kleeheu und Luzerneheu, auch Quetschhafer, Kleie und spezielle Kräutermischungen.»

Alle Milchkühe tragen Namen. Die der beiden hier lauten Girlie und Guildo. Girlie mampft weiter Heu, dabei schaut sie mit ihren schwarzen Augen ab und zu freundlich nach oben. Während des Fressens steckt Girlie ihre Nase tief ins Heu, greift sich mit der Zunge ein Büschel Nahrung, schiebt es in den Unterkiefer hinein und schluckt es unzerkaut runter. Schaut Girlie hoch, sieht man ihr Flotzmaul, jene furchige Verschmelzung von Oberlippenwulst und Nasenlöchern, die stets feucht ist. Das Odeur im Stall ist angenehm. Es riecht nicht nach jener unerträglichen Jauche oder Gülle, die gerne auf den herkömmlichen Äckern der Wetterau landet. Die Rinder bekämen, ergänzt von Mackensen, sehr gutes Heu, insgesamt 15 Kilogramm pro Tag; fressen sie außerdem 20 Kilogramm Rüben, bräuchten sie zusätzlich nochmals drei Kilogramm Heu.

In der konventionellen Landwirtschaft dagegen bekommt die Kuh vor allem hochenergetisches Kraftfutter verabreicht. Dabei handelt es sich um eine Turbokuh, die durchschnittlich 9000 bis 12 000 Liter Milch im Jahr produzieren muss. Verabreicht werden ihr Mais, Soja, Gerste und junges Gras in Form von Silage. Auf dem Dottenfelderhof produziert eine Kuh ungefähr 6000 Liter Milch im Jahr. Eine junge Frau stülpt becherartige Gefäße über die Zitzen des Girlie-Euters, die Melkmaschine beginnt zu melken. Es ist unmöglich, als Mann nicht vom Melken fasziniert zu sein.

Das Euter der Kuh ist jenes in der Leistengegend gelegene beutelartige Organ, das nicht zu übersehen ist und in dem sich die Milchdrüsen befinden. Hier wird die Flüssigkeit produziert, die uns als Nahrung dient. Wie bei allen Säugetieren, so geben nur Kühe, die Nachwuchs haben, regelmäßig Milch. Bekommt eine Kuh kein Kalb, produziert sie also auch keine Milch mehr. Dies stellt die konventionelle Viehwirtschaft vor Probleme: Wenn Landwirte zu Steiners Zeiten den Zustand ihrer Tiere beklagten, müsste heutzutage ununterbrochen geweint werden. Fünfzig Jahre industrielle Landwirtschaft und Züchtung haben aus der Kuh eine lebendige Maschine gemacht, die mit derart viel Kraftfutter malträtiert wird, dass ihr kompliziertes Verdauungssystem irgendwann zu rebellieren beginnt.

«Wir erleben bei Kühen einen ungeheuerlichen Vitalitätsverlust», erregt sich von Mackensen. «Sie erbringen unglaublich hohe Leistungen, aber nur, wenn sie jung sind. Werden sie erwachsen, müssen sie auf die Schlachtbank. Die Tiere können dann einfach nicht mehr. Wir leben hinsichtlich des Fleisches, der Milch und der Eier von den jugendlichen Kräften der Tiere. Die Henne wird nicht mehr alt, und auch das Schwein wird immer früher geschlachtet. Im Bundesland Hessen bekommen die Kühe im Durchschnitt 2,4 Kälber. Wir dagegen haben über zehn Jahre alte Kühe. Diese kalben jedes Jahr.»

«Die Tiere werden nicht mehr alt», wiederholt sich von Mackensen.

«Vielleicht verspüren die Tiere keine Freude, unter diesen Bedingungen zu leben», antworte ich.

Die Ställe der industrialisierten Landwirtschaft verkörpern ein krankheitsförderndes Milieu, gefördert werden vor allem Infektionskrankheiten. Um die Tiere vor Infektionen zu schützen, werden ihnen gerne Produkte wie Impfstoffe und Antibiotika verabreicht. Trotzdem, oder gerade deshalb, tauchen immer wieder neue Krankheiten auf. Ein Beispiel hierfür etwa ist die aktuelle Debatte um den sogenannten chronischen Botulismus.

1822 beschrieb der deutsche Arzt Justines Kerner in seiner Schrift *Das Fettgift oder die Fettsäure und ihre Wirkungen auf den thierieschen Organismus* eine Lebensmittelvergiftung, hervorgerufen durch den Verzehr verdorbener Wurst. Viele seiner Kollegen reagierten aufgebracht, nach dem Motto: Die Wurst ist gut, das könne alles nicht sein. Kerner nannte die Krankheit Botulismus, nach dem Lateinischen für Wurst, *botulus*. Inzwischen weiß man, dass Botulismus auch bei Rindern durch faulendes Futter auftreten kann. Ursache ist ein Bakterium, das Nervengifte produziert. Diese sind bereits in geringen Mengen tödlich. Getauft wurde das Gift auf den Namen Botulinumtoxin. 1989 hatte ein plastischer Chirurg aus dem nordkalifornischen Sacramento die Idee, Patienten mit

Gesichtslähmung Botulinum in minimalster Dosierung in den Stirnmuskel zu spritzen, auch Augenbrauenheber genannt. Das Gift hemmt die Signalübertragung der Nervenzellen. Kurze Zeit später wurde ein glättender Effekt von Botulinumtoxin auf Hautfalten diagnostiziert. Und so hat dieses Neurotoxin, dessen Wirkung nach einem halben Jahr nachlässt, inzwischen unter dem niedlichen Namen Botox auch kosmetische Karriere gemacht.

Seit gut 20 Jahren tritt bei Rindern ein merkwürdiges Phänomen auf: Ausgezehrte Tiere torkeln mit hochgezogenen Bäuchen, mit permanentem Speichelfluss und nicht heilenden Hautwunden durch die Ställe, ihre Reflexe sind eingeschränkt, die Kühe geben kaum Milch, stattdessen läuft sie ihnen unkontrolliert aus den Eutern.

In über 1000 deutschen Ställen tauchte dieses Krankheitsbild inzwischen auf, vor allem in Nordwestdeutschland, erstaunlicherweise zumeist in gut geführten Betrieben. Eine Minderheit unter den Agrarwissenschaftlern spricht in diesem Zusammenhang von chronischem Botulismus: Während also bei akutem Botulismus die Tiere die Bakterien direkt über das Futter aufnehmen, sind es beim chronischen Verlauf die Sporen der Bakterien. Diese keimen manchmal erst nach Jahren auf. Die Mehrheit der Agronomen freilich hält dieses Szenario für abwegig; daher ist die Krankheit nicht als Seuche eingestuft. Es gibt keine Entschädigungen. In einigen Fällen mussten Betriebe mit einigen hundert Rindern schließen. Inzwischen gehen kritische Stimmen davon aus, dass bei all dem noch ein weiteres Gift mit im Spiel beziehungsweise Rindermagen ist: Glyphosat.

Bei Rindern etwa führt die Dauerbelastung durch Glyphosat sowie dessen Abbauprodukte im Futter zu Schädigungen von Nieren und Leber. Dabei wird die Darmflora angegriffen, was wiederum jene natürlichen Gegenspieler schädigt, die üblicherweise die Botulismus-Bakterien in Schach halten. Je mehr Glyphosat vom Rind mit dem Kraftfutter aufgenommen wird, umso anfälliger sind die Tiere.

Echter Kuhsex auf dem Dottenfelderhof

Zwischenzeitlich haben einige Mütter mit Kindern den Stall betreten. Staunend stehen sie herum, um eine Portion Romantik wieder mit nach Hause nehmen zu können. Mädchen streicheln Kälber, während die Jungen aus einer gewissen Distanz die Ringe der Ochsen anstarren. Stets gehören zur Herde zwei Bullen, die die Kühe decken. Die Stiere sind kräftig, um ihre Nacken kräuselt sich das Fell. Die großen Augen signalisieren Angriffsbereitschaft. Ihre Hörner ragen kräftiger in die Atmosphäre als die ihrer Artgenossinnen. Die Bullen genießen ein in der konventionellen Landwirtschaft längst abgeschafftes Privileg: Sie praktizieren noch echten Sex. Wer die beiden Tiere beobachtet, wie sie freudig erregt und schnaubend registrieren, wenn eine Kuh an ihrer Box vorbeimarschiert, der weiß, dass es auch für Stiere noch Hoffnung gibt. Schließlich wartet die Kuh auf der außerhalb des Stalls liegenden Weide. Freilich wird stets nur ein Stier rausgelassen.

In der konventionellen Landwirtschaft dagegen kommt der Stier nicht zur Kuh auf die Weide. Ein Stier kommt in den Deckraum. Dort erwartet ihn ein Mann, der professionell mit dem Penis des Bullen umgehen kann. Von Beruf ist dieser Mann zumeist ein Besamungstechniker, obwohl das Berufsbild korrekterweise Ejakulationstechniker heißen müsste. Oberhalb des Technikers befindet sich ein spezielles Sprungobjekt, ein moderner Kuhersatz, auch Phantom genannt. Dabei handelt es sich um einen Höcker oder eine Kuhattrappe, wichtig ist, dass dieser Aufsprungpartner der Form eines Torbogens entspricht. Üblicherweise springt beim gefühlsbetonten Real-Sex auf der Weide der Bulle von hinten auf die Kuh. Diese Hinteransicht ist, so haben Physiologen herausgefunden, jener visuelle Schlüsselreiz, der dem Gehirn des Tieres die Anweisung telegraphiert: «Go, Libido, go.» Da der Ausblick einem Torbogen ähnelt, hat sich für diesen Reiz im deutschen Sprachgebrauch der Ausdruck Torbogenreflex durchgesetzt.

Dieser Reflex ist allgegenwärtig: Einschlägige Handbücher raten Landwirten, sich in Gegenwart eines Bullen auf der Weide nie zu beugen oder hinzuhocken. Dies gilt, nebenbei bemerkt, auch für Nichtbauern. Eine andere, aus der Erfahrung geborene Anweisung der Handbücher lautet, jeden Deckraum mit Fluchtspalten zu versehen. Diese müssen so schmal sein, dass nur hurtige Ejakulationstechniker durchpassen, keine Bullen.

Zum Leidwesen der Techniker bespringt der Zuchtbulle nicht immer das Phantom. Vor allem lebhafte Tiere merken den Betrug. Springen die Tiere dennoch, fangen die Plastikhandschuhe des Weißkittels an zu knirschen: Mit der einen Hand ergreift der Spezialist eine künstliche Scheide, mit der anderen Hand dirigiert er den Bullenpenis seitlich vom Phantom weg. Anschließend wird dem Penis die Vagina übergestülpt. Für das schnelle Abspritzen – vornehmer ausgedrückt: für den Ejakulationsreflex – ist neben einem korrekten Druck auf der Kunstvagina auch deren Thermik entscheidend: Die empfohlene Vagina-Temperatur beträgt im Allgemeinen 40 Grad Celsius. In die Scheidenöffnung geschmiertes Vaseline schadet natürlich auch nicht. Aufgefangen wird das Ejakulat in einem Glasröhrchen, das in der künstlichen Scheide steckt. Mit elektrischem Strom wird auch gerne das Rückenmark des Bullen angespornt, damit das Tier schnell seine Spermien abspritzt. Diese Methode wird Elektroejakulation genannt. Gefragt ist im Deckraum, ob mit oder ohne Elektroejakulation, die Tugend der Schnelligkeit. Schließlich wartet schon das nächste Tier vor der Tür. Völlig verständlich, wenn zwischenzeitlich jemand zum Vegetarier geworden ist.

Tierärzte prüfen das Ejakulat im Labor auf Volumen, Dichte, Beweglichkeit, Anzahl der Spermien und Farbe. Bevorzugt ist ein sattes Elfenbein, die Konsistenz sollte milchig bis rahmig sein. Entscheidend ist der Prozentsatz beweglicher Spermien: Erwartet werden mindestens 600 Millionen Spermien pro Milliliter, 60 Prozent davon sollten beweglich sein. Erfüllen die Spermien die Mindestwerte, wird das Ejakulat mit einem Verdünner, der Nähr- und Schutzstoffe enthält, so angereichert, dass es sich vakuumverpackt und tiefgefroren in flüssigem Stickstoff über mehrere Monate hält. Aus einem Ejakulat entstehen 500 künstliche Besamungsportionen. Diese kann der Landwirt einzeln kaufen und in seine Kuh einbringen lassen. Vorher wird das Tiefgefrorene in einem 38 Grad Celsius warmen Wasserbad innerhalb von zwölf Sekunden aufgetaut. Die der Kuh verabreichten Spermien dürfen nicht zu kalt sein. Dann muss alles recht schnell gehen.

Das Röhrchen mit dem Sperma wird geöffnet und in ein Besamungsgerät gelegt. Dieses besteht aus einem Metallrohr sowie einem beweglichen Stab als Kolben. Rektale Kontrolle lautet das entscheidende Stichwort: Der Techniker oder eine Technikerin bilden mit den fünf Fingern der einen Hand eine Faust und navigieren diese in den Mastdarm der Kuh; professionell wird mit der anderen Hand das Besamungsgerät in die Scheide eingeführt. Die Kunst der Besamung besteht darin, dass der Besamer über den Mastdarm den Gebärmutterhals mit der einen Hand so fixiert, dass das Besamungsgerät in der anderen Hand diesen Hals durchdringt und zügig in die Gebärmutter gelangt. Dann werden die Spermien ordnungsgemäß in die Gebärmutter geschossen.

Warum all diese Aufregung um einige Spermientropfen?

Die individuelle Fleisch- oder Milchleistung eines Tieres hängt sowohl von den Genen als auch von der Umwelt ab. Dies ist ein Gemeinplatz, aber lange bevor man überhaupt wusste, was Gene sind, versuchten Züchter, die offensichtlich positiven erblichen Eigenschaften von individuellen Rindern miteinander zu kreuzen. Inzwischen ist die künstliche Besamung, bei Rindern erstmals um 1940 erprobt, in der industriellen Viehhaltung gang und gäbe. Durchgeführt werden in Deutschland jährlich über fünf Millionen künstliche Besamungen bei Kühen. Selektiert werden die Bullen nach Konstitution, Gesundheit, ihrem Fleischwert oder einem gewünschten Fett-Eiweiß-Verhältnis ihrer Muskulatur.

Freilich: Rinder pflanzen sich nur sehr langsam fort. Züchtungserfolge benötigen viel Zeit. Bekanntlich wird das genetische Material einer Kuh bei der Fortpflanzung ja nur zu 50 Prozent an den Nachwuchs weitergegeben; um festzustellen, ob all dies zu einer außerordentlichen Milchproduktion führt, braucht es einige Jahre.

Noch mehr Zeit vergeht, bis die Gesamtleistung eines Bullen und von dessen Nachwuchs einschätzbar ist. Hat man mal einen Superbullen, lässt sich damit protzen: Die britische Firma CRV Avoncroft etwa prahlt in einem Katalog mit Sunny Boy. Dabei handelt es sich um einen am 26. Mai 1985 geborenen Bullen, von dem alles in allem 2 199 342 Portionen Spermien verkauft wurden. Es gab Jahre, in denen dieser Sunny alle zwei Minuten Vater wurde, und dies überall auf der Welt.

Um einen solchen Supersunny zu züchten, benötigt man entsprechende Vorfahren. Dieses Selektionsverfahren dauert oft Jahrzehnte. Aber die Züchter und Viehbarone dieser Welt haben nicht viel Zeit, schließlich gehört Rinderhaltung weltweit zu den wichtigsten Wirtschaftszweigen. Verständlich ist daher die Verärgerung über all jene Millionen Rinder, die sich so vehement gegen die Anhebung ihrer Durchschnittsleistungen sträuben. Selbst die In-vitro-Fertilisation ist bei Kühen nicht sehr erfolgreich. Das gleiche gilt für den Embryonentransfer. Dafür rückt ein weiterer Clou der Fortpflanzungsexperten in den Mittelpunkt: Es geht um das *Spermasexing*, mit dem das natürliche Verhältnis der Geschlechter außer Kraft gesetzt werden soll.

In Arten, in denen die Individuen einen Vater oder eine Mutter haben, werden die beiden Geschlechter gewöhnlich in gleicher Anzahl produziert. Aus der Sicht der Fleischtechnologen stellt dieser Umstand einen abzuschaffenden Luxus dar: Warum sollen Turbo-Kühe mit einer genetischen Ausstattung für eine hohe Milchproduktion männliche Kälber zur Welt bringen? Und wenn eine Kuh ausgewählt wurde, künftige Mastbullen für die Fleischproduktion in die Welt zu setzen, ist es glatte Verschwendung, wenn sie 290 Tage ihrer kostbaren Lebenszeit für eine künftige Milchkuh aufbringen muss.

Entwickelt wurde daher ein Verfahren, bei denen Spermien nach ihren Geschlechtschromosomen bestimmt werden. Für den Landwirt ist das Verfahren sehr teuer, da bisher die Patente bei einer Firma liegen. Diese heißt Sexing Technologies, operiert in Texas, kontrolliert 90 Prozent des Marktes und verkauft aktuell in den USA Spermien im Wert von 50 Millionen Dollar, außerhalb für 220 Millionen Dollar. Es kann exakt vorhergesagt werden, ob aus einem Spermium ein Bulle oder eine Kuh wird.

«Wie ist eigentlich das Verhältnis der Geschlechter bei der Geburt der Jungtiere hier auf dem Hof?», will ich wissen.

«Ungefähr gleich», antwortet von Mackensen.

«Auf eine Kuh kommt also ein künftiger Bulle?»

«Ja.»

«Und was machen Sie mit den Männchen?»

Von Mackensen erzählt, dass die männlichen Jungtiere entweder verkauft oder geschlachtet werden.

«Babyschlachtung», sagt von Mackensen, schaut mich mit humorlosen Augen an und fügt hinzu: «Aber das geht völlig in Ordnung so. Das gibt dann Fleisch vom Jungrind.»

Kampf den Hybriden

Es ist Juni, die Mittagssonne brennt auf die Wetterau, wir stehen am Rande eines ein Hektar großen Versuchsfeldes, auf dem Winterweizen in die Höhe schießt. Hartmut Spieß trägt einen Strohhut. Auf dem Feld arbeiten einige Frauen mit ungewöhnlichem Auftrag: Sie zählen sämtliche Halme, die Ähren tragen. Die Frauen haben, ebenso wie an den Tagen zuvor, viel zu zählen. Tausende von Pflanzen stehen auf dem Feld, eine Vielzahl an unterschiedlichen Weizen- und Gerstensorten, aufgestellt in Sechser- oder Achterreihen. Allein an Winterweizen sind über 600 Sorten angebaut worden, um sie später einmal vielleicht miteinander zu kreuzen. Spieß ist auf der Suche nach einer optimalen Öko-Winterweizensorte.

Eines der grundlegenden Probleme, so Spieß, sei der adäquate Anbau von Pflanzen- und Gemüsesorten. Laut EU-Richtlinie darf im Ökolandbau nur Saatgut verwendet werden, das mindestens ein Jahr auf ökologischer Grundlage vermehrt wurde.

«Und dies ist für Sie eindeutig zu wenig?»

«Die Sorten aus konventioneller Züchtung liefern unter ökologischen Anbaubedingungen meist hohe Erträge, aber geringere Qualitäten ab. Schließlich sind diese Sorten für den Einsatz von synthetischem Stickstoff und Pflanzenschutzmitteln gezüchtet worden.»

Spieß zeigt mit der Hand auf die Frauen und fügt hinzu: «Wir verfolgen hier exakt die Entwicklung einer Pflanze.» Man habe letztes Jahr 28 000 Einzelähren für Weizen, Roggen und Gerste ausgesät. Jetzt wird gezählt: die Pflanzendichte, die Bestockung oder die Häufigkeit von Nebentrieben. «Wir zählen die ährentragenden Halme, wir zählen, wie viele Körner drin sind. Bestand und Kornzahl pro Ähre sowie deren Masse machen den Ertrag aus.»

Neben Spieß steht ein Minimähdrescher, auch Parzellenmähdrescher genannt. Mit diesem lässt sich das Versuchsfeld problemlos abernten. In der Zwischenzeit haben einige Mitarbeiterinnen kleine weiße Baumwollsäcke an die Parzellen gelegt. Spieß steigt in die Kabine des Mähdreschers, schmeißt den Motor an und fährt los. Seine Tochter und ich hinterher, von Parzelle zu Parzelle, dabei greifen wir jeweils einen mit Körnern gefüllten Sack und tauschen ihn gegen einen leeren aus. Nach einer Stunde landen die Säcke zur Untersuchung im Labor. Beim Getreide sei der Stickstoffgehalt, so Spieß, für das Wachstum und die Backqualität das Hauptkriterium. Ist die Pflanze eiweißarm, lässt sie sich nicht gut verbacken. Untersucht werde daher vor allem der Klebereiweißgehalt. Je höher der Kleberanteil, desto besser für das Brot.

«Die Sorten des konventionellen Landbaus», erklärt Spieß, «bringen hohe Erträge, dies dünnt aber gleichzeitig den Nährstoffgehalt der Pflanze aus. Je höher der Ertrag, also je mehr Körner, desto geringer der Stickstoff in der Pflanze, desto geringer der Kleber, desto schlechter die Backfähigkeit. All dies landet dann in den Großbäckereien mit ihrer Fließbandtechnik. Dagegen sind unsere ökologischen Sorten weniger ertragreich, aber die Backqualität ist bis zu 20 Prozent größer.»

Die modernen Sorten erbringen auch deshalb hohe Erträge, weil es sich um sogenannte Hybride handelt.

«Beim Getreide bauen wir keine Hybridsorten an. Diese sind im Demeter-Landbau verboten», erklärt Spieß. Eine Ausnahme stelle der Mais dar. Hier ist man noch dabei, entsprechende nachbaufähige Sorten zu züchten.

Die moderne Hybridzüchtung, vom lateinischen *brida* für Mischling, begann in den USA zu Beginn des letzten Jahrhunderts: George Harrison Shull (1874–1954), gutgläubig, enthusiastisch und ein aus einer Farmerfamilie stammender Genetiker, beobachtete bei Sonnenblumen Erstaunliches: Kreuzte er eine westliche mit einer russischen Sorte, beide knapp einen Meter groß, erhielt er in der nächsten Generation doppelt so hohe Pflanzen. Den gleichen Effekt entdeckte man auch beim Mais. Dies leitete, wie in den einschlägigen Biologie-Lehrbüchern gerne behauptet wird, einen der größten Triumphe der Genetik ein: Bei der Inzucht zweier sehr unterschiedlicher Maissorten über mehrere Generationen hinweg mit anschließender Kreuzung erhielt man in der folgenden Generation extrem großwüchsige Pflanzen. Heutzutage sind Hybridpflanzen gang und gäbe.

Den Anthroposophen ist die Hybridzüchtung ein besonderer Dorn im Auge. Ein Praktikant auf dem Hof hielt mir beim Apfelpflücken lange Vorträge über die Bösartigkeit von Pflanzenhybriden; eine dieser Reden kulminierte in der Behauptung, Hybride glichen Hooligans. «Hybriden sind nicht harmlos, sie sind gewalttätig», erklärte mir der junge Mann, um dann hinzuzufügen: «Hybriden vergewaltigen die Natur.»

Hybridzüchtung führe zu Pflanzen, so hört man auf dem Dottenfelderhof, die durch Inzucht geschwächt seien, die an einen hohen Kunstdüngereinsatz gewöhnt wurden und deren Früchte auch nicht mehr richtig ausreifen. All dies lässt sich geschmacklich nachvollziehen. Hybridmöhren etwa wachsen schnell, dies verheißt einen hohen Wassergehalt. Außerdem verschärfe die Hybridzüchtung vor allem die Abhängigkeit: Der Landwirt als ausführendes Organ der Industrie muss jedes Jahr Hybridsaatgut kaufen. Die Inzuchtzüchtung führt dazu, dass die Samen zwar nachbaubar, aber nicht mehr leistungsfähig sind. Die höhere Leistungsfähigkeit ist ja nur in dieser einen Generation ausgeprägt, anschließend geht sie verloren.

2009 ist das Team um Spieß erfolgreich gewesen: Nach 15 Jahren intensiven Arbeitens wurden vom Bundessortenamt die ersten, nach biodynamischen Kriterien gezüchteten Weizensorten anerkannt. Sie heißen *Butaro* und *Jularo*, sind an die ökologische Bewirtschaftung angepasst und haben zudem längere Halme als konventioneller Weizen. «So erhalten wir mehr Stroh für unser Vieh, was in einem auf dem Organismusprinzip basierenden Hof wichtig ist», sagt Spieß. Auch die im Ökolandbau sehr gefürchteten Pilzkrankheiten hat der Züchter im Auge. Die Pilze setzen sich in der Ähre fest, statt Körner bilden sich giftige Sporen. Schon fünf befallene Ähren auf einer Fläche von 150 Quadratmetern würden zur Aberkennung eines Vermehrungsbestandes führen. Die konventionelle Landwirtschaft hat damit dank hochwirksamer chemischer Beizverfahren keine Probleme. Als Beizen wird die Behandlung von Saatgut bezeichnet: Jahrzehntelang handelte es sich dabei um eine hochgiftige Quecksilber-Beize, ursprünglich ein Pulver, später eine Brühe. Verboten wurde diese Praxis erst 1984. Heutzutage wird im konventionellen Landbau das Saatgut prinzipiell mit Pflanzenschutzmitteln gebeizt. Dies ist im ökologischen Landbau verboten. Deswegen ist eines der wichtigsten Züchtungsziele von Spieß, in seinen Sorten Resistenzen gegenüber saatgutübertragbaren Krankheiten wie die Stein- und Flugbrände zu etablieren. Die konventionelle Züchtung hat dies über Jahrzehnte vernachlässigt, daher gibt es kaum resistente Sorten. So weist derzeit keine der zugelassenen Wintergersten eine Widerstandsfähigkeit gegen Flugbrand auf. Um doch widerstandsfähige Sorten aufzuspüren, wurden in den letzten sechs Jahren allein 275 Linien von Wintergerste auf dem Versuchsfeld auf ihre Resistenz gegen Flugbrand *(Ustilago nuda)* getestet. Zuständig für die Zulassung von neuen Pflanzensorten in der Landwirtschaft ist in Deutschland das Bundessortenamt: Bezahlt werden müssen für die Prüfung einer neuen Ökolandbau-Sorte stolze 19000 Euro. Viel Geld für die Züchter, denen es vor allem darauf ankommt, die regionalen Eigenarten zu berücksichtigen: Ist das Klima feucht oder trocken? Sind die Böden fruchtbar oder arm? Verläuft in einer Region der Frühsommer eher trocken oder nicht? Eine Sorte für alle Standorte funktioniere nur im konventionellen Anbau: Kunstdünger und Pestizide sind die großen Regulatoren beziehungsweise Gleichmacher.

«Früher gab es 600 Getreidesorten», sagt Spieß. «Jede Region hatte ihre eigenen Sorten.»

Regionale Vielfalt bei Obst, Gemüse und Getreide bedeutet Geschmacksvielfalt. Überhaupt der Geschmack: Dieses Kriterium spiele, so Spieß, bei der herkömmlichen Züchtung so gut wie keine Rolle. An dieser Stelle reden wir nicht über die sogenannten Hollandtomaten, die in computergesteuerten Gewächshäusern in einer Nährstofflösung gedeihen, auch nicht über die erste gentechnisch verändere Tomate namens Flavr-Savr-Tomate. Bekanntlich ist diese schon lang wieder aus dem Verkehr gezogen, weil sie geschmacklich wirklich nur bei Agrar-Technologen ankam.

«Den Geschmack kann man nicht am Mittelgut bilden, sondern nur am Allervorzüglichsten», zitiert Spieß Goethe, um mir dann erneut eine homöopathische Steiner-Dosis zu spendieren: Entscheidend sei, «Pflanzen anzubauen, die nicht nur den Magen füllen, sondern den Menschen in seiner Ganzheit organisch fördern.»

«Das sagt Steiner?»

«Im vierten Vortrag des *Landwirtschaftlichen Kurses*», erklärt Spieß ein halbes Jahr später in seinem Arbeitszimmer und blättert in einer Ausgabe des Buches.

«Das Wichtigste ist», heißt es bei Steiner, «wenn die Dinge an den Menschen herankommen, dass sie seinem Dasein am allergedeihlichsten sind. Sie können ja irgendwelche Frucht ziehen, die glänzend aussieht, auf dem Felde oder im Obstgarten, aber sie ist vielleicht für den Menschen nur magenfüllend, nicht eigentlich sein inneres Dasein organisch befördernd. Aber zu der Ansicht, dass der Mensch die beste Art von Nahrung für seinen Organismus benötigt, kann die heutige Wissenschaft nicht gelangen. Dazu findet sie gar nicht den Weg.»

«Das ist jener Gedanke Steiners, den ich am häufigsten zitiere», fügt Spieß hinzu. «Es geht um unsere Ernährung. Steiner beklagt, dass es eine Kartoffel, wie er sie als Kind gegessen habe, nicht mehr gebe. Und ich sage immer: Tomaten, wie ich sie als Kind kannte, bekommt man heutzutage fast nicht mehr. Es sei denn, ich habe sie gezüchtet. Haben Sie schon einmal unsere Salatgurke Persika probiert, die habe ich auf Basis einer Herkunft aus Persien gezüchtet?»

«Ja. Vor allem kenne ich den von Ihnen gezüchteten Rosenkohl sehr gut.»

Ein kurzes Leuchten zuckt in seinen Augen auf. Er habe, so Spieß, bei seinen Züchtungsanstrengungen all jene Pflanzen berücksichtigt, von denen es fast nur noch Hybriden gibt und die er auch selber gerne esse. Rosenkohl gehöre zu seinen Lieblingsgemüsen. Die vorhandenen Hybridsorten haben ihm nicht geschmeckt: «Begonnen haben wir mit Kreuzungen älterer Sorten, um diese zu verbessern. Daraus ist diese erste Sorte für den Hobbygärtner entstanden. Wir haben sie *Idema* genannt. Wie sind Sie denn an meinen Rosenkohl gekommen?»

Ich erzähle ihm von Christel Hammel, die 15 Kilometer von hier biodynamisches Gemüse anbaut und einen Hofladen hat.

«Und?»

«Das ist der beste Rosenkohl, den ich je gegessen habe. Bissfest nach fünf Minuten im kochenden Salzwasser. Im Gaumen trotzdem soft, nussiger Geschmack.»

Die Veränderung des allgemeinen Geschmacks: Die Hofbäckerei

Die Veränderung des allgemeinen Geschmacks sei wichtiger als die der Meinungen, schrieb Friedrich Nietzsche 1882 in *Die fröhliche Wissenschaft:* «Meinungen mit allen Beweisen, Widerlegungen und der ganzen intellektuellen Maskerade sind nur Symptome des veränderten Geschmacks und ganz gewiss gerade das nicht, wofür man sie noch so häufig anspricht, dessen Ursachen. Wie verändert sich der allgemeine Geschmack?»

Der Geschmack verändert sich etwa, wenn biodynamische Landwirte ihr eigenes Getreide verarbeiten, mit der eigenen Mühle mahlen, Teig herstellen, auch gerne händisch, diesen zu Brot weiterverarbeiten und ihre Produkte selbst vermarkten. «Unsere Bäckerei ist die Fortführung der Landwirtschaft», erklärt Ansgar Vortmann. «Die Lebenskräfte zum Menschen zu bringen, das ist für mich Ernährung.» Vortmann ist im Rahmen der Betriebsgemeinschaft für die Bäckerei verantwortlich.

«Je größer die Bäckerei, desto weniger Risiko», charakterisiert Bäckermeister Tomoaki Sawada seine Arbeit. 10000 Brote am Tag raushauen, sei keine Kunst. Angesetzt werden die Backmischungen industriell hergestellter Brote in riesigen Bottichen. Das Ganze wird dann maschinell in gleichförmige Stücke geschnitten, in Formen gelegt und in Heißluftöfen verbacken, in denen sich die Backzeit drastisch reduziert. Häufig kommt dieses Brot geschnitten in den Handel. Um es vor Schimmelpilzen zu schützen, werden Konservierungsmittel eingesetzt. Inzwischen wird auch nicht mehr von Teig gesprochen, sondern von Teiglingen. Aus diesen wird das angeblich «frisch gebackene Brot» hergestellt, das es inzwischen überall in Supermärkten, Tankstellen und Backshops gibt.

Unser täglich Brot gib uns also heute: Fabrikanlagen von der biblischen Größe fünffacher Fußballfelder produzieren 1000 Tonnen Backwaren pro Tag. 20000 Brötchen laufen stündlich über das Band. Anschließend wird alles bei minus 40 Grad schockgefrostet, bei minus 21 Grad konserviert und dann durch die Welt geschippert. In Polen, China, Frankreich oder an der holländischen Grenze stehen die Fabriken für in Deutschland verarbeitete Prebake-Produkte. Die beteiligten Massen-Vorbackbäckermeister und Technologen der industriellen Mikrobiologie wissen sehr genau, wie sie den allgemeinen Geschmack verändern. Auch sogenannte Handwerksbäcker machen längst nicht mehr alles selbst. Normal sind inzwischen Fertigbackmischungen sowie Zusatzstoffe, die den Teig schnell locker werden lassen, für Volumen sorgen oder die Haltbarkeit beeinflussen.

«Bei uns ist das völlig anders», sagt Sawada. In der Bäckerei stehen zwei kleinere Teigknetmaschinen, in denen der Teig mit Hefe, zumeist aber mit einem Bio-Backferment angerührt wird. Dann folgt eine längere Ruhephase, dabei geht das Brot auf, weil Stärke zu Kohlendioxid als Gärgas umgesetzt wird.

«Unser Teig darf nie an der Maschine kleben bleiben», erläutert Sawada. Damit sind wir natürlich bei der Diskussion um das sogenannte Gluten angelangt, auch Klebereiweiß oder kurz Kleber genannt. Dieser Kleber ist ein Gemisch aus 80 Prozent Proteinen wie Glutenin und Gliadin, Kohlehydraten und Fetten und bildet ein feingliedriges, molekulares Netzwerk aus. Weizen, Roggen, Gerste und Hafer enthalten diesen Kleber. Dessen verklebende Eigenschaften sind entscheidend für die Backqualität des Mehles, ob der Teig Volumen bildet und locker bleibt. Beliebt ist diese klebrige Substanz vor allem wegen ihrer Viskoelastizität, einer Mischung aus Elastizität und Zähflüssigkeit. All dies begünstigt das Aufgehen des Teiges.

Da Gluten für die Backeigenschaften eines Mehls von entscheidender Bedeutung ist, wird der jeweilige Gehalt in Großbäckereien üblicherweise mit Hilfe von physikalischen Analysen bestimmt. In Deutschland liegt im handelsüblichen Weizenmehl der Klebergehalt bei ungefähr 13 Prozent, in den USA bei 17 Prozent. Auf dem Hof wird mit einem Weizen gebacken, dessen Kleber zwischen 10 und 12 Prozent liegt. Ein hoher Anteil bedeutet viel Volumen, bei einem geringeren ist das Brot kompakter.

«Wir kauen viel», erklärt Vortmann seine bevorzugte Kleber-Analyse. «Wenn der Weizen dabei staubig ist und zerfällt, dann ab ins Futter.» Das persönliche Verhältnis sei entscheidend für das Biodynamische. «Ich traue mich, meinem Empfinden Bedeutung beizumessen. Nur diejenigen werden Anthroposophen, die ihren persönlichen Eindrücken vertrauen.»

Es ist neun Uhr morgens, es gesellen sich zwei Bäcker in die Runde. Beide trinken Bio-Bier. Ich schaue verwundert. Sie verstehen meinen Blick und erinnern mich an ihre Arbeitszeiten. Hier geht es immer kurz nach Mitternacht los. Integriert in die Backstube des Hofes sind zwei Holzöfen.

«Wie oft gehst du mit dem Thermometer an das Brot im Ofen?», fragt Vortmann einen Bäcker.

«Eher selten.»

«Theorie ist schon wichtig, auch weil das Gefühl schwankt», sagt Sawada zurückhaltend, aber bestimmt.

«Jeder hat seine Theorie über das Backen», erklärt der Bäcker. «Ich arbeite sehr viel nach Gefühl. Luftdruck und Wärme, man muss schauen, wie sich der Teig konkret verhält.»

Entstanden ist die Bäckerei auf Initiative von Ebba Bauer, einem Gründungsmitglied der Betriebsgemeinschaft. Anfangs ging es um den Eigenbedarf, dann probierten Freunde und wollten auch das kernige Brot. Als den Frauen die Kneterei zu mühselig wurde, erstanden sie für 400 Mark eine gebrauchte Knetmaschine. Die Frauen galten als höchst leichtsinnig. Später halfen Frankfurter Waldorfschüler-Mütter bei der Arbeit aus. Vor 20 Jahren, erinnert sich Vortmann, sei das Vollkornbrot viel kleiner gewesen, auch nicht so locker wie heute. Später kam die Nachfrage nach hellen Broten wie Ciabatta hinzu, auch weil die Supermärkte plötzlich das EU-Bio-Siegel für sich entdeckt hatten. Da wurde auf dem Hof wieder intensiv über Teigführung und Fragen der Mehlqualität diskutiert. 2003 wurde dann ein Konditormeister eingestellt. Wieder veränderte sich der Geschmack, bei den Bäckern wie bei den Konsumenten.

«Auch die Bio-Branche muss sich verändern», erklärte Vortmann dazu. «Früher zählten Windbeutel zu den hochkarätigen Konditoreiprodukten. Diese wiederum sind aber kein Grundnahrungsmittel. Auch das Rohstoffangebot für einen Demeter-Konditor ist eher begrenzt.»

«Unser Käsekuchen wird immerhin zu 90 Prozent aus Demeter-Produkten hergestellt», sagt Sawada. «In Frankreich wird viel mit Mandel gearbeitet. Daran haben wir uns auch orientiert.»

In der Tat gibt es heute im Hofladen Bienenstich sowie Schoko-Himbeer-Makarons. Selbstverständlich ist auch die Eierlikörsahnetorte zu Ostern und der Kirschstreusel oder die Himbeersahne-Matcha-Schnitte im Sommer.

«Wir wollen Brot und Gebäck herstellen, das uns geistig fit macht und wach hält», sagt Vortmann. «Nach dem Essen zwei Stunden schlafen müssen, um wieder fit zu werden, das ist überhaupt nicht nach meinem Geschmack.»

«Die Bildung der Ackererde durch die Tätigkeit der Würmer»

Martin von Mackensen wühlt mit seinen Händen im dunkelbraunen Wetterauer Lehm, dabei holt er eine Ladung Erde mit schwarzbraunen Einsprengseln hervor. Er zeigt mir Regenwurmkot und erklärt: «Die Würmer fressen die abgestorbenen Wurzeln, so wird die Erde luftig. Außerdem hebt sich der Boden durch die Aktivitäten der Würmer, er steigt ungefähr zwei Zentimeter pro Jahr.»

Regelmäßig muss die Erde aufgelockert werden, damit die partiell recht schweren Böden des Dottenfelderhofes nicht verdichten und sich die Wurzeln der Pflanzen ausbreiten können. Durch Bearbeiten und Wenden mit dem Pflug wird die Erde gelockert, gepflügt werde, so von Mackensen, relativ flach, etwa 25 Zentimeter, «um die belebte obere Bodenschicht nicht zu tief zu vergraben».

Ebenso wie für Klee kann von Mackensen sich für Würmer begeistern. Der Regenwurm ist ein natürlicher Pflug.

«Wir praktizieren», fährt der Landwirt fort, «eine für die Würmer artgerechte Bewirtschaftung. Könnten wir den Bestand der Würmer pro Fläche verdoppeln, würde uns dies einiges an Zeit bei der Bearbeitung der Böden einsparen. Durch die Aktivitäten der Würmer werden die Böden ertragsfähiger.»

Da Würmer wichtige Helfer bei der Bodenbearbeitung seien, müssten Landwirte generell darauf achten, dass ihre Techniken die Tiere nicht schädigen: «Die Wurzeln der Pflanzen gehen gerne in die Gänge der Würmer. Am aktivsten ist der Regenwurm im Herbst und im Frühjahr. Er lebt ja in einer vertikalen Röhre, und wenn ich pflüge, wird die Röhre durchschnitten. Daher müssen wir die Bodenbearbeitung so durchführen, dass die Würmer nicht geschädigt werden. Das Umbrechen der Luzerne beispielsweise ist eine technisch anspruchsvolle Tätigkeit, der wir am besten bei feuchtem Wetter nachgehen würden. Dann aber kriechen die Würmer an die Erdoberfläche, wir würden sie drastisch dezimieren. Führe ich diesen Umbruch nach einer längeren Trockenphase durch, so ist dies natürlich energieaufwendiger. Aber die Würmer verweilen in tieferen Bodenschichten und bleiben am Leben. Wir füttern auch die Würmer. Wir denken in bestimmten Zeiten an sie. Wir fragen uns, ob auf dem Feld noch etwas Nahrhaftes herumliegt, das sie in ihre Röhren reinziehen können. Bei jeder Ernte oder beim Mähen fallen Pflanzenrückstände an. Wir bauen Kulturen an, die das Gedeihen der Würmer fördern, etwa Buchweizen und Sonnenblumen als Zwischenfrucht.»

Regenwürmer spielen nicht nur bei der Bodenbildung eine wichtige Rolle, es lässt sich sogar sagen, dass Quantität und Qualität der Würmer Auskunft über die Güte der Böden erteilen: Die Würmer ziehen Pflanzenreste in den Boden, von denen sich andere Organismen ernähren; sie schaffen Hohlräume, die die Belüftung und Wasseraufnahme des Bodens fördern.

Jeder Regenwurm benötigt pro Tag eine seinem Körpergewicht entsprechende Nahrungsmenge. Und so fressen sich die Würmer durch die Landschaft und hinterlassen einen Kot, der reich an mineralischen Substanzen ist und die Bodenqualität steigert. An diesen Wetterauer Würmern hätte jeder Ökologe seine helle Freude: Es sind dicke, fette Dinger, wie man sie nur selten zu Gesicht bekommt, in der traditionellen Landwirtschaft schon gar nicht. Die Würmer sind gut genährt, vollgefressen mit Erde und Pflanzenresten, schön sichtbar sind auch ihre dunkelblau geschwollenen Blutgefäße.

Regenwürmer sind sogenannte Substratfresser: Sie fressen das Material, in dem sie leben, einfach auf. Der Verdauungstrakt eines Wurmes besteht daher aus hochgradig spezialisierten Organen: Ein muskulöser Rachen saugt Erde, Laub und Bakterien in den Mund; all dies wird in der Speiseröhre gespeichert und durchfeuchtet. Anschließend wird diese Masse in einem robustem Muskelmagen mit Hilfe von mit der Nahrung aufgenommenen Sandkörnern zermahlen. Verdauung und Resorption besorgt der Mitteldarm, dessen Oberfläche durch eine Längsfaltung beachtlich vergrößert ist. Das, was die Würmer nicht verdauen können, wird durch den After ausgeschieden. Ihren Namen verdanken die Würmer dem Umstand, dass sie nach längerem Regen in ihren unterirdischen Wohnröhren nicht mehr überleben können; der entstandene Sauerstoffmangel veranlasst sie zur Flucht an die Erdoberfläche.

Wie aber gräbt sich ein Regenwurm so unermüdlich durch die Äcker?

Dies gelingt dank koordinierter Kontraktionen zweier Muskelsysteme: Das eine System verlängert, das zweite verkürzt den Körper. Alle Ringelwürmer verfügen über einen Hautmuskelschlauch, der vornehmlich aus einer Längsmuskulatur und einer Ringmuskulatur besteht. Diese beiden Muskelsysteme erzeugen eine langsame, wellenartige Bewegung, dabei arbeitet der Hautmuskelschlauch gegen das Hydroskelett, die Muskeln verändern die Form eines jeden einzelnen Segments. Durch ein ständig abwechselndes und segmentweises Zusammenziehen von Längs- und Ringmuskeln kriecht der Wurm durch Erde, Sand und Schlamm.

Regenwürmer sind, entgegen landläufiger Meinung, nicht in der Lage, sich durch Teilung, also ungeschlechtlich, zu vermehren. Folglich regenerieren die Würmer auch nicht, wenn sie von einem biodynamischen Spaten oder einem konventionellen Rübenroder in der Mitte zerteilt werden.

«Wissen Sie, ob Rudolf Steiner im *Landwirtschaftlichen Kurs* etwas über Regenwürmer gesagt hat?»

Von Mackensen zuckt mit den Schultern.

«Aber Sie wissen, wer die erste wissenschaftliche Arbeit über die Bedeutung der Regenwürmer für die Ackerböden verfasst hat?»

Wiederum schüttelt von Mackensen den Kopf. Dabei sieht er mich an, als habe er gerade in die Sonne geschaut.

«Es ist, nebenbei bemerkt, eines meiner Lieblingsbücher», füge ich hinzu. «Damit Sie ein bisschen meinen Geschmack kennenlernen.»

Charles Darwin muss als einer der Pioniere der ökologisch orientierten Landwirtschaft angesehen werden. Kurz vor seinem Tod publizierte der Biologe seine Studie über den Regenwurm. Das Buch erschien 1882 sogar auf Deutsch: «Wenn wir eine weite, mit Rasen bedeckte Fläche betrachten, so müssen wir dessen eingedenk sein, dass ihre Glätte, auf welcher ihre Schönheit in einem so hohen Gerade beruht, hauptsächlich dem zuzuschreiben ist, dass alle die Ungleichheiten langsam von den Regenwürmern ausgeebnet worden sind. Es ist wohl wunderbar, wenn wir uns überlegen, dass die ganze Masse des oberflächlichen Humus durch die Körper der Regenwürmer hindurchgegangen ist und alle paar Jahre wiederum durch sie hindurchgehen wird. Der Pflug ist eine der allerältesten und wertvollsten Erfindungen des Menschen; aber schon lange, ehe er existierte, wurde das Land durch Regenwürmer regelmäßig gepflügt und wird fortdauernd noch immer gepflügt. Man kann wohl bezweifeln, ob es noch viele andere Tiere gibt, welche eine so bedeutungsvolle Rolle in der Geschichte der Erde gespielt haben wie diese niedrig organisierten Geschöpfe.»

Darwin war aufgefallen, dass einmal großflächig über die Wiesen gestreute Fragmente von gebranntem Mergel oder Schlacken im Verlauf weniger Jahre in den Tiefen des Bodens verschwunden waren. Die Würmer, so Darwin, tragen die Verantwortung dafür. Völlig ausgeschlossen, erwiderten die Spezialisten. Würmer seien viel zu klein, als dass sie derartig Weltbewegendes verrichten könnten.

Diese Haltung, so kommentierte Darwin später einmal, dokumentiere nur die Unfähigkeit von Wissenschaftlern, «die Wirkungen einer beständig wiederkehrenden Ursache zu summieren». Sein Ehrgeiz war geweckt. Er wollte beweisen, wie kaum zu beobachtende Veränderungen bei der Bildung der Ackererde wirksam sind.

Am 20. Dezember 1842 streute Darwin jede Menge Kreide über ein ausgewähltes Feld in der Nähe seines Hauses in der Ortschaft Downe, 25 Kilometer vom Stadtzentrum Londons entfernt: «Dies geschah, um zu einem zukünftigen Zeitpunkt feststellen zu können, in welche Tiefe die Kreide dann gelangt war.»

Er wartete beinahe 29 Jahre lang. Darwin hatte eine stichhaltige Hypothese über die Wichtigkeit der Würmer, bevor er mit der Recherche an seinem Buch begann. Charakterisiert hat er seine wissenschaftliche Methodik einmal mit den Worten: «Merkwürdig, dass nicht allen klar ist, dass jede Beobachtung für oder gegen eine Ansicht sprechen muss, wenn sie überhaupt irgendetwas nützen soll.»

Im November 1871 dann begannen Darwin und seine Mitarbeiter damit, auf dem Feld einen Graben auszuheben. Das Warten hatte sich gelohnt: «Zu beiden Seiten konnte man eine Linie weißer mineralischer ‹Nester› in einer Tiefe von etwa 18 Zentimeter unter der Oberfläche feststellen.»

Darwin schätzte, dass Regenwürmer innerhalb von 30 Jahren pro Hektar etwa 50 Tonnen Ausscheidungen an der Erdoberfläche ablagern, daher wachse die Ackerkrume, sieht man einmal von der Rasenschicht ab, im Jahr durchschnittlich um sechs Millimeter Erde nach oben. Ähnliche Zahlen wurden in den letzten Jahren unter Zuhilfenahme moderner Messmethoden von Landwirtschaftsökologen bestätigt. Es geht also um die Kraft der Würmer: Sogar Archäologen müssen ihnen dankbar sein. Denn die Exkremente der Würmer sorgen dafür, dass goldene Schmuckgegenstände ebenso sicher aufbewahrt werden wie antike Bauten.

Der Wurm ist nicht nur ein ständig die Erde durchwühlender und belüftender Bioturbator, sondern, und dies ist wichtig für die biodynamische Idee, ebenso wie Rinder entscheidend an der natürlichen Stickstoffversorgung der Böden beteiligt: Da die Haut des Regenwurms ein Atemorgan und daher stets feucht und wasserdurchlässig ist, führt ein ununterbrochener Einstrom von Wasser dazu, dass die Würmer ständig urinieren müssen. Ihr stark gewässerter Urin enthält hohe Anteile an Harnsäure, einem wasserunlöslichen Exkret, das sehr stickstoffhaltig ist.

«Man muss systematisch denken und versuchen, das Organismusprinzip zu begreifen. Dann versteht man, wie alles mit allem zusammenhängt», sagt von Mackensen ein Jahr später und versucht, einige Krumen tierischer Ackererde aus dem harten Boden herauszukratzen. Die heißen Temperaturen der letzten Tage haben dafür gesorgt, dass die meisten Regenwürmer einige Meter unter der Erde in ihren Röhren zusammengekauert der Hitze widerstehen. Es ist Mittag, die Luft ist unbeweglich. Neben dem Acker befindet sich eine größere Wiese, auf der sich Fliegen sehr wohlfühlen. Im Grunde alle Besucher, die etwas von konventionellem Landbau verstehen, wundern sich über die vergleichsweise großen Wiesen- und Weideflächen auf dem Hof. Sie sagen: «Macht doch Ackerland draus!»

Wirtschaftlich betrachtet sei dies in der Tat nicht sehr effizient, erklärt von Mackensen. Er zeigt auf das verbrannte Grünland. Jeder Landwirt wisse, dass die klassischen Grünlandflächen viel Regen benötigen, daher sei etwa das bayerische Allgäu so ideal für die Viehzucht. «Wir halten die Grünflächen aber trotzdem, weil die Viehzucht so entscheidend für unsere Landwirtschaft ist», erklärt von Mackensen.

Die Rasenfläche hat im Verlauf der Hitzewelle sehr gelitten. Viele Grashalme wirken müde und matt, sie reflektieren grüngelblich. Dafür springen uns einige saftig-grüne Stellen regelrecht ins Auge.

«Das kommt vom Pissen», erklärt Mackensen.

«Dank einer derartigen Pissstelle können Sie den biologisch-dynamischen Landbau in Grunde schon zur Hälfte verstehen.»

Das Organismusprinzip: Der Unterschied zwischen ökologischer und biodynamischer Landwirtschaft

«Der wichtigste Unterschied zwischen ökologischer und konventioneller Landwirtschaft ist also, dass Erstere keinen industriellen Stickstoffdünger auf die Böden schmeißt?»

«Ja», antwortet Martin von Mackensen.

Öko ist in. Inzwischen gibt es Eier vom Wanderhuhn aus mobiler Freilandhaltung im Supermarkt. Selbst wenn der Boom inzwischen ins Stocken geraten ist, jahrelang verzeichnete die Öko-Branche jährliche Zuwachsraten von 8 Prozent. In Deutschland konnte dieser enorme Zuwachs nicht durch die einheimische Produktion gedeckt werden. Daher ist es inzwischen gang und gäbe, in Rumänien oder Bulgarien einen 7000 Hektar großen Bio-Betrieb aufzubauen, der deutsche Supermärkte mit Tomaten versorgt.

«Und was ist dann der Unterschied zwischen biologischer Landwirtschaft und biodynamischer?»

«Wir versuchen in der biodynamischen Landwirtschaft», definiert von Mackensen, «die Pflanzen, die Böden, die Tiere in den Böden sowie die Nutztiere zusammen mit den Menschen, die diese Landwirtschaft betreiben, zu einer Einheit werden zu lassen. Zu einer Einheit höherer Ordnung, wie immer man dies benennt. Schlussendlich handelt es sich beim Dottenfelderhof um etwas, das einem Organismus ähnelt. Und dies ist das 1924 von Rudolf Steiner erstmalig formulierte Novum: Eine Landwirtschaft sollte darauf hinstreben, einen Organismus auszubilden. So wie Organe in einem Körper miteinander kooperieren, sollten in der Landwirtschaft die verschiedenen Teile eines Betriebes wie etwa die Viehhaltung oder der Getreidebau untereinander harmonisch im Ausgleich stehen und erst sekundär im Verhältnis nach außen ökonomisch funktionieren. Beispielsweise ist ein Organismus nicht nach allen Seiten hin offen. Die heutige Landwirtschaft aber ist nach allen Seiten hin offen. Das Futter für die Tiere wird normalerweise hinzugekauft. Das Vieh ist in den Mastbetrieben konzentriert. Bei uns in der Wetterau etwa sehen Sie weit und breit kein Tier mehr. Die Wetterau funktioniert nur dank des mineralischen Düngers. Stünde dieser den Landwirten nicht zur Verfügung, müsste man in der Wetterau wieder mit der Viehhaltung beginnen. Wir dagegen streben einen möglichst geschlossenen Betriebsorganismus an. Wenn heutzutage im Landbau wieder von einer Kreislaufwirtschaft die Rede ist, so bewerte ich dies positiv.»

«Ein biodynamischer Betrieb in Bulgarien wäre also etwas völlig anderes als eine riesige Bio-Tomaten-Farm?»

«Ja, schon deshalb, weil die Kühe hinzukommen. Alles wird viel aufwendiger.»

Inzwischen unterstützen diverse Studien diese Ideen vom Organismusprinzip: So wie es beim Fußball einen Heimvorteil gibt, so existiert auch in der Landwirtschaft ein *Home Field Advantage*. Mikroorganismen im Boden stellen sich etwa auf standortspezifische Nährstoffquellen ein. Auch haben Düngungsversuche gezeigt, dass die Mikroflora des Bodens besonders effektiv ist, wenn der Stallmist von Kühen kommt, deren Futter auf den gleichen Flächen wächst.

«Also zielen die Unterschiede zwischen der ökologischen und der biodynamischen Landwirtschaft auf die allgemeine Konzeption ab?»

«Prinzipiell, so denke ich, handelt es sich beim Ökolandbau um ein Ausschlussverfahren. Es wird gesagt: ‹Wir verwenden keinen mineralischen Dünger sowie keine synthetischen Pflanzenbehandlungsmittel, also sogenannte Pflanzenschutzmittel wie Herbizide, Insektizide und Fungizide.› So wird die Landwirtschaft natürlich.»

In der Tat bekommt man bei der Lektüre einschlägiger Texte den Eindruck, dass die sogenannte grüne Agrarwende in erster Linie aus dem Praktizieren von «vorbeugendem Pflanzenschutz ohne chemisch-synthetische Pestizide» oder einer «artgerechten Tierhaltung» besteht. In der Europäischen Union etwa ist seit 1991 durch ein Gesetz detailliert vorgeschrieben, was ein Bio-Produkt ist und welche Angaben auf dessen Etikett zu stehen haben. Signifikant an den aktuellen EU-Öko-Verordnungen ist vor allem die stetig wiederkehrende Sprache der Soll-Anweisungen. Zur Anwendung *sollte* keine Hydrokultur kommen, bei der Pflanzen in einem inerten Substrat mit löslichen Mineralien und Nährstoffen wurzeln, es *sollte* beachtet werden, dass Tiere Auslauf im Freien haben. So erfreulich es ist, wenn Verbraucher wissen, welche herkömmlichen Praktiken im Bio-Anbau nicht zugelassen sind, man wünschte sich schon etwas mehr inhaltliche Aussagen über alternative Organisation und Praxis zum aktuellen Landwirtschaftssystem. Keine Ausnahme macht da auch das Parteiprogramm von Bündnis 90/Die Grünen. Es erstreckt sich weitgehend auf Forderungen zum Verbraucherschutz oder der Massentierhaltung.

«Wir müssen einmal generell definieren, was Landwirtschaft ist und wie unsere Anforderungen an die zukünftige Landwirtschaft aussehen», erklärt von Mackensen dazu. «Was muss passieren und wie kann all dies finanziert werden? Die Landwirtschaft als ein Unternehmen wie jedes andere zu betrachten, das funktioniert nicht. Seit 50 Jahren geht die Landwirtschaft den Bach runter. Und alles, was man probiert hat, um das System aufzupeppen, hat die Situation nur noch verfahrener gemacht.»

Für von Mackensen beginnen die Merkwürdigkeiten schon mit der Trennung von Viehhaltung und Ackerbau; habe der Landwirt einen Gemischtbetrieb, könne es sich für ihn wirtschaftlich lohnen. Auch müsse der Verbraucher angesprochen und eingebunden werden: «Die Probleme der Landwirtschaft lösen wir nur durch Beziehungen, nicht durch Tischgespräche bei Behörden.» Er verweist auf die vielfältigen CSA-Initiativen, die Community Supported Agriculture, die Bewegung Solidarische Landwirtschaft: Eine Gruppe örtlicher Konsumenten kooperiert mit einem Landwirt; diesem werden Abkäufe garantiert, der Konsument wiederum kennt die Abläufe in der Herstellung.

«Außerdem wirtschaften wir mit den Wachstumskräften selbst», fährt von Mackensen fort. «Daher benötigen wir eine Erkenntnis dieser Kräfte, und dies wiederum führt zu den biodynamischen Präparaten. Mit diesen Präparaten zielen wir auf die Kräfteseite der Organismen ab, sowohl bei Tieren als auch bei Pflanzen.»

Dank des Düngers der wiederkäuenden Kuh entwickele sich, so Rudolf Steiner, «die Ichanlage der Pflanze». Es komme, heißt es im 8. Vortrag des *Landwirtschaftlichen Kurses*, einer Beeinträchtigung der Natur gleich, wenn der Dünger nicht von Tieren kommt, die zum eigenen Hof gehören. Anthroposophen verweisen inzwischen auf Studien, nach denen die Mikroflora des Bodens besonders gut funktioniert, wenn der Stallmist von Kühen kam, deren Futter auf den gleichen Flächen gewachsen war.

Die Idee der Landwirtschaft als Organismus oder die einer lebendigen Erde klingt seltsam, die Anthroposophen wissen aber, dass seit geraumer Zeit im angelsächsischen Raum eine ähnliche Konzeption populär ist: die Gaia-Hypothese des englischen Biochemikers James Lovelock. Alle Komponenten unseres Planeten, die physischen wie die biologischen, so ihre Begründer, müssen als ein einziges lebendiges System begriffen werden; als ein sich selbst regulierendes Wesen, das sowohl Veränderungen als auch Schäden kompensiert, um so alles im Gleichgewicht zu halten.

«Dass man die Erde als Ganzes begreifen muss, ist doch inzwischen eine Realität, die durch jede Klimastudie bestätigt wird», sagt von Mackensen dazu. «Und dieses globale Denken, die Erde als ein Ökosystem zu begreifen, vermittelt uns ein neues *feeling*.»

«Ich sage doch nur», fährt von Mackensen selbstbewusst

fort, «dass ein Organismus nicht nur durch seine Stofflichkeit oder Substanz geprägt wird, sondern dass auch Beeinflussungen nichtstofflicher oder kräftemäßiger Art vorhanden sind.»

«Der Dottenfelderhof und die gesamte biodynamische Landwirtschaft als Nussschale gegen das materialistische Weltbild?»

«Sicherlich.»

«Sie treten also für einen neuen Wissenschaftsbegriff ein?»

«Nein, aber unser Wissenschaftsbegriff ist erweiterungsbedürftig. Und dies wissen die Menschen nur zu gut. Schauen Sie sich doch die Trends an! Zu wem gehen die Menschen, wenn sie krank sind? Irgendwann landen Kranke beim Naturheilkundler, weil sie sonst nicht weiterkommen. Dies allein ist schon als Erweiterung zu verstehen. Davor aber verschließt das theoretische Wissenschaftsgebäude seine Augen. Zur Schlüsselfrage ist geworden, das Leben zu verstehen. Aber sind die Lebenswissenschaften überhaupt dazu geeignet, unser Leben zu verstehen? Oder müssen wir die Wissenschaften radikal erweitern?»

Für diese Räuberburg darf es keinen Pfennig geben: Die Geschichte des Dottenfelderhofes

Als einer der ältesten Gehöfte ist der Dottenfelderhof Bestandteil deutscher Landwirtschaftshistorie. Die erste urkundliche Erwähnung geht auf das Jahr 976 zurück, später gehörte er zum Prämonstratenser-Kloster Ilbenstadt. Geschäftstüchtige Mönche bewirtschafteten das Land, betrieben sogar Weinhandel, bis mit der Säkularisation im Jahr 1803 der Hof in das

Eigentum der Landgrafen von Hessen überging. 1968 gründete sich die Landwirtschaftsgemeinschaft Dottenfelderhof, um die biodynamische Wirtschaftsweise zu etablieren. Es entstand eine Lebens- und Eigentumsgemeinschaft, «für welche das Bürgerliche Recht eigentlich gar keine Konstruktion anbietet». So beschreibt Spiegel-Autor Peter Brügge 1984 in *Die Anthroposophen* den Dottenfelderhof: «Eine ‹Kooperationsvereinbarung› wurde entworfen, um diese, wie zu hoffen war, von innen her an sich selber gedeihende Lebensform durch ein variables und trotzdem Vertrauen schaffendes Gebilde von Verbindlichkeiten und Versprechungen zu kultivieren. Es unterzeichneten die Gründer: Die Landwirte Dietrich Bauer, 45 Jahre alt, Ernst Becker, 60, Knut Brandau, 52, Manfred Klett, 50, Cornelius Vellenga, 34, Martin Hollerbach, 33, und deren Ehefrauen, ferner der Junggeselle Johannes Klein, 52, der sich seit einem Unfall nur im Rollstuhl bewegen kann.»

Ernst Becker war als achtzehnjähriger Kavallerist im Russlandfeldzug, kehrte kriegsversehrt mit nur noch einem stark geschädigten Auge zurück und begann Landwirtschaft zu studieren. Er lernte die Tochter des Dottenfelderhof-Pächters kennen. Sie heirateten, und Becker begann 1946 als Mitpächter zusammen mit seiner Frau die biodynamische Landwirtschaft. Becker sei ein unermüdlicher Pionier gewesen, charakterisiert Manfred Klett jenen Landwirt, der schon damals wusste, dass die Landwirtschaft, wolle sie nicht Opfer der Industrialisierung werden, neue Formen des Zusammenlebens entwickeln müsse. Das Prinzip der Arbeitsteilung dürfe nicht zwischenbetrieblich als Spezialisierung zur Geltung kommen, sondern nur innerbetrieblich zur Aufrechterhaltung der ökologischen Ganzheit der Betriebe. So genießen die geschäftsführenden Landwirte samt ihren Familien das Recht auf Lebensunterhalt und lebenslanges, kostenfreies Wohnen. Detailliert beschreibt Brügge in seinem Buch dieses soziale Experiment: «Dass jeder lebenslang auf die Gemeinschaft bauen dürfte, verstand sich unter den Gründern von selbst. Ihre insgesamt 24 Kinder sind einbezogen. ‹Egal, wie viel jeder hat›, sagt Ernst Becker, ‹alle sorgen für alle›. Er, der als Erster auf den Hof kam, ist nun völlig erblindet, bewegt sich aber auf dem vertrauten Terrain so sicher, dass kein Fremder es merkt.»

Auch Manfred Klett zählt als einer der Gründer der «Betriebsgemeinschaft Dottenfelderhof» zu den Pionieren. Gerne wird von Historikern und Sozialwissenschaftlern das Jahr 1968 als Wendepunkt deutscher Geschichte diagnostiziert, vorher sei, vor allem in den fünfziger Jahren, die Gesellschaft eher langweilig, dunkel oder reaktionär gewesen. Erst die Studentenrevolte habe Bewegung in eine ansonsten müde gesellschaftliche Veranstaltung gebracht, in der allerhöchstens einige schwarz gekleidete existentialistische Gestalten für Protest sorgten. Wer Klett aufmerksam zuhört, erhält einen anderen Eindruck: «Neben Becker waren damals noch weitere kriegsversehrte Gestalten auf dem Hof zugange. Graf Bothmer, ein promovierter Pflanzensoziologe, er hatte nur ein Bein. Zusammen mit dem Gießener Professor von Boguslawski führte er Feldversuche durch. Und dann war da noch einer mit einem Lungendurchschuss, Dr. Schaumann, ein Tierarzt. Alle waren sie diese typischen Repräsentanten des Zweiten Weltkrieges.»

Kennengelernt hat Manfred Klett den Hof erstmals 1956. Als Lehrling habe er sofort erkannt, welcher Geist hier wehe. Eloquent und begeistert beschreibt er eine massive Aufbruchstimmung. Ernst Becker sei die treibende Kraft gewesen; Klett stellt ihn als Vulkan dar, als befeuernden Geist, der schon als Schüler genügend Philosophie studiert hatte, dass er zu dem Schluss gelangte: «Die Philosophie erteilt keine Antworten mehr zu den drängenden Leitfragen.» Später studierte Becker Atomphysik. Auch eine Sackgasse. Er beschloss, Landwirt zu werden. Er wollte sehen, so Klett, «wie sich die heutige materialistische Denkweise in den Naturwissenschaften und dem daraus resultierenden Machbarkeitswahn im Lebendigen auswirkt. Mit der biodynamischen Landwirtschaft stieß er auf ein völlig neues Verhältnis zur belebten Natur, zum Pflanzenreich und Tierreich, also überhaupt zum Sein der Welt.»

Spricht Klett über Beckers Ideen und Annäherungen an das Leben, meint man, er rede über sich selbst: «Wenn damals irgendwelche Professoren des Weges kamen, um sich über den Dottenfelderhof zu informieren, hat Becker die rhetorisch komplett an die Wand genagelt.»

Anderthalb Jahre verbrachte Manfred Klett auf dem Hof. Während dieser Zeit kam es zum Bruch mit der alteingesessenen Pächterfamilie. Das Projekt endete abrupt im Herbst 1957. Klett promovierte als Bodenkundler, involviert in ein Projekt am Bodensee. Thematisch rückte seinerzeit die sogenannte Eutrophierung in den Vordergrund. Es sollte erforscht werden, wie gefährdet ein Trinkwasserreservoir wie der Bodensee tatsächlich ist. Als Eutrophierung bezeichnet man den Übergang eines Gewässers von einem nährstoffarmen, also oligotrophen, in einen nährstoffreichen oder eutrophen Zustand. Umschrieben wird dieses Szenario gerne mit dem hübschen Ausdruck vom «Umkippen der Gewässer».

Später begegneten sich Klett und Becker wieder, beide wurden zu treibenden Kräften für einen biodynamischen Neuanfang des Hofes. Zusammen schrieben sie 1964 einen Brief an den zuständigen Minister. Es folgten vier lange Jahre «die denkbar nervenaufreibendsten Verhandlungen mit den zuständigen Stellen». Die hessische Siedlungsgesellschaft, seit der Bodenreform nach dem Zweiten Weltkrieg Eigentümerin des Hofes, wünschte sich die Dorfgemeinschaft ans Ende der Welt, einige Mitarbeiter des Ministeriums dagegen entwickelten eine gewisse Sympathie für deren zukunftsweisende Ideen.

1980 konnte man dank eines zinslosen Darlehens der Bochumer Gemeinnützigen Treuhandstelle über 1,4 Millionen Mark den Kernbetrieb kaufen.

Die Gründergeneration ist inzwischen abgetreten, geführt wird der Hof derzeit von zehn «geschäftsführenden Landwirten und Landwirtinnen». Sämtliche Entscheidungen, handele es sich um die Anschaffung eines Traktors oder um die Investition in einen Neubau, müssen einstimmig beschlossen werden. Daher werde, so wurde mir einmal erklärt, «diskutiert bis zum Kotzen».

«Alle diese Besitzverhältnisse hier auf dem Hof, die historischen sowie die aktuellen, sind schwer nachvollziehbar», sage ich. «Wenn ein Bauer in der Wetterau Land besitzt, dann gehört dieses doch ihm, oder?»

«Ja, normalerweise hat er es geerbt», antwortet Manfred Klett. «Aber der Dottenfelderhof gehörte dem Landgrafen von Hessen, der ihn verpachtete. Sie müssen sich darüber im Klaren sein, dass all dies hier sogenanntes Bodenreformland gewesen ist. Nach dem Krieg musste im Rahmen des Bodenreformgesetzes bei einem Grundbesitz von über hundert Hektar eine bestimmte Landfläche zur Ansiedlung der aus dem Osten vertriebenen Bauern abgegeben werden. Und mit der Durchführung dieses Gesetzes waren in den einzelnen Bundesländern Siedlungsgesellschaften beauftragt.»

Klett beginnt von einem Leben zu erzählen, das in der Vergangenheit liegt. Nach Beendigung des zweiten Weltkriegs war die Industrie Deutschlands weitgehend zerstört, Millionen Menschen mussten aus ihrer Heimat fliehen, aus Ostpreußen, Pommern oder Schlesien, darunter viele Landwirte, die in die Gesellschaft integriert werden mussten. Integration bedeutete, dass man sie in Bauernhöfe stopfte.

«Die größeren Bauernhöfe in Deutschland waren mit Flüchtlingen überfüllt. Auf dem Dottenfelderhof lebte eine

Familie in einem, manchmal in zwei Zimmern, insgesamt waren hier bis zu zwölf Familien untergebracht. Häufig bestand eine Familie aus Großeltern, Eltern und Kindern. Im Zuge der alliierten Bodenreform wurde der Landgraf genötigt, mit der Abtretung des Dottenfelderhofs seiner Abgabepflicht zu genügen. Der Hof gehörte also jetzt der Siedlungsgesellschaft, aber der Pächter war eine Gemeinschaft, zu der dann ja auch Becker gehörte.»

«Und wie wurde hier produziert?»

«Betrieben wurde hier die altertümlichste Form der Landbewirtschaftung. Es gab kaum Maschinen. Becker bearbeitete den gesamten Hof mit Pferden. Die geflüchteten Bauernfamilien verstanden sich auf den Umgang mit Pferden. Becker hatte auch ein schlüssiges Konzept für die Zukunft des Hofes in der Tasche, worüber er mit dem zuständigen Ministerium verhandelte. Aber die Initiative brach zusammen, beendet durch Familienintrigen. In den darauffolgenden Jahren wurde der Hof mehr schlecht als recht konventionell bewirtschaftet, bis wir nach zähem Ringen dann doch zum Zuge kamen.»

«Und diese Pächtergemeinschaft wollte den Hof in Besitz nehmen?»

«Wir wollten den Hof nicht zu unserem Eigentum machen. Wir wollten hier einen biologisch-dynamischen Musterbetrieb aufbauen. Aber landwirtschaftliche Nutzung in dieser Nähe zur Stadt entsprach nicht den Vorstellungen der Siedlungsgesellschaft. Unsere Konzeption zielt ja auf eine Neuordnung des Bodenrechts ab. Dieses müsste heißen: unentgeltliche Nutzung, da der Boden nicht als kapitalistisches Gut gedacht werden kann. Der Boden ist keine Ware und kann deshalb auch keinen Preis haben. Das haben wir versucht, dem Staat klarzumachen.»

«Und?»

«Der Staat hat das natürlich nicht kapiert.»

«Was heißt dies konkret: Der Boden könne keinen Preis haben?»

«Der Boden ist kein vermehrbares Gut. Der Boden ist fixiert an einen Standort, er kann sich nicht vermehren, man kann ihn also nicht zu Markte tragen, er kann nur ein Recht sein. Und der Boden wurde ja auch über die Jahrhunderte und Jahrtausende als Recht vererbt. Die Ansicht, dass man das Recht mit Geld kaufen und verkaufen könne, ist erst später entstanden. Wir haben den zuständigen Politikern damals angeboten, am Beispiel des Dottenfelderhofs ein neues Bodenrecht zu entwickeln. Erstaunlicherweise haben sich sowohl die Sozialdemokraten als auch die Freidemokraten Anfang der siebziger Jahre sehr ernsthaft mit dem Bodenrecht befasst.»

«Über Bodenrecht spricht heute niemand mehr.»

«Damals gab es Momente, da dachte ich, es würde wirklich ein neues Bewusstsein entstehen. Das ist längst vergessen.»

«Und Ihre Idee?»

«Ackerbau und Viehzucht stellen die Grundsäulen der Landwirtschaft dar, und darum ranken sich dann der Gartenbau und Obstbau, die Wiesen- und Weidewirtschaft, die Forstwirtschaft. All dies ist im Sinne des Organismusprinzips. In 1000 Jahren abendländischen Landbaus haben sich die Dörfer und Einzelhöfe zu mehr oder weniger geschlossenen Organismen entwickelt. Im Zuge der Industrialisierung sind diese Organismen inzwischen zerstört worden. Aber wir müssen diese Idee der Dorfgemeinschaft als eines sozialen beziehungsweise der Hofgemarkung als eines natürlichen Organismus neu denken. Wir haben sie auch neu gedacht. Unser Ausgangspunkt war die Frage nach den Produktionsbedingungen in der Landwirtschaft, also des weitgehend in sich geschlossenen Betriebsorganismus. Daraus ergibt sich wie von selbst die entsprechende Sozialform.»

«Sie verwahren sich ja immer dagegen, wenn der Hof als Öko-Kommune beschrieben wird.»

«Ja, denn nicht die Sozialform steht an erster Stelle. Das wäre dann das Modell einer Öko-Kommune. Wir Gründer hatten die gleiche Idee von der Landwirtschaft, daraus resultierte die Zielsetzung. Die Idee der Betriebsgemeinschaft entstand also aus einer rein sachlichen Überlegung heraus. Es geht um die innerbetriebliche Arbeitsteilung, darum, welches Aufgabengebiet von welchem Beteiligten nach Neigung und Fähigkeit übernommen werden soll.»

«Mit den Achtundsechzigern hatten Sie nicht so viel zu tun?»

«Natürlich waren unsere Aktivitäten eingebettet in die gesellschaftlichen Veränderungen der sechziger Jahre, als man raus aus dem Muff der tausend Jahre wollte. Aber wir haben uns deutlich von den Frankfurter Kommunarden unterschieden. Die Kommunarden kamen ja zu uns herausgefahren und wollten wissen, was wir hier eigentlich treiben. Wir haben ihnen deutlich zu verstehen gegeben, dass wir eine Initiative sind, die am gemeinsamen Ziel einer neuen Landwirtschaft wachsen müsse.»

«Und wie ist das bei den städtischen Linken angekommen?»

«Die sind meistens sehr schnell wieder nach Frankfurt zurückgefahren. Einer kam und begrüßte uns mit erhobener, geballter Faust. Ich sagte nur zu ihm: ‹Lenin ist tot. Wenn du mit zulangst, können wir uns unterhalten. In der Ecke steht die Mistgabel.›»

In all diesen Jahren wurde nicht nur geackert, sondern auch viel verhandelt: Manfred Klett erinnert sich an jede Menge Intrigen. Er berichtet über dubiose Praktiken der Siedlungsgesellschaft, über abstruse Pachtverträge, über helfende und hemmende Minister und Ministerialbürokraten. Einmal habe ein Ministerialrat im Hessischen Landwirtschaftsministerium unter vier Augen bestätigt, wie rufmörderisch gegen die Betriebsgemeinschaft vorgegangen werde. Irgendwann sollte das Land an einen zahlungskräftigen Investor gehen, der den Bau eines Bordells mit Geldern zweifelhafter Herkunft plante.

«Immerhin», so gibt Klett zu bedenken, «ging es hier um anderthalb Millionen Quadratmeter Land. Und ausgerechnet als man das alles gegen viel Geld hätte verkaufen können, kommen diese Hanseln daher und wollen biodynamisch wirtschaften. Uns wurden die renommiertesten Gutachter Deutschlands auf den Hals gehetzt. Sie sollten nach Ablauf von fünf Pachtjahren prüfen, ob die Bodenfruchtbarkeit nicht durch unsere biologisch-dynamische Wirtschaftsweise gemindert wird. Geprüft wurden unzählige Auflagen. Ich möchte nur wissen, was das alles gekostet hat. Der Steuerzahler hätte einmal die Rechnungen sehen sollen.»

Dann erinnert sich Klett an Wilhelm Ernst Barkhoff: ein engagierter Rechtsanwalt aus Bochum, der schon Anfang der sechziger Jahre des vergangenen Jahrhunderts ein pekuniäres Instrumentarium kreiert hatte, um bedürftigen Initiativen finanziell unter die Arme zu greifen. Dank der Einlagen ihrer Mitglieder war die im August 1967 gegründete Gemeinnützige Kredit-Garantie-Genossenschaft in der Lage, bei der Vergabe von Bankkrediten an Dritte Sicherheiten zu gewährleisten.

«Wir hatten», so Klett, «aber absolut keine Chance auf einen Bankkredit. Arm wie wir waren, konnten wir keine Sicherheiten bieten.»

Barkhoff überredete den Direktor der Bochumer Commerzbank zur Bereitstellung eines Kredits über 200 000 Mark. Die Kredit-Garantie-Genossenschaft aber konnte nur bis 40 000 Mark bürgen.

«Die restlichen 160 000 Mark nahm Barkhoff quasi auf die eigene Kappe», erinnert sich Klett. «Das wussten wir aber nicht. Barkhoff ist einfach zu dem Commerzbank-Direktor Lindemann gegangen und hat gesagt: ‹Wenn Sie einmal in die Zukunft investieren wollen, dann haben Sie jetzt dazu die Möglichkeit.› Barkhoff hat dem Direktor die Hucke vollgeredet, bis dieser uns quasi einen Blankoscheck ausgestellt hat. Eines Tages kam Lindemann nach Bad Vilbel, um sich den Hof anzusehen. Er wurde zornrot. Für eine derartige Räuberburg hätte es niemals einen Pfennig geben dürfen, war seine Reaktion. Als er Jahre später auf seinem Totenbett nach dem herausragenden Ereignis in seinem Bankerleben gefragt wurde, antwortete er: ‹Der Kredit an den Dottenfelderhof. Damals habe ich erstmals erkannt, dass man auf Vertrauen Geld verleihen kann. Und Kuhmist stinkt weniger als Geld.›»

Alles in allem habe man auf dem Dottenfelderhof munter drauflosgewirtschaftet: «Wir waren arm wie die Kirchenmäuse, aber wir hatten das Lebensgefühl, einmal den Fuß zwischen Tür und Angel bekommen zu haben. Letztlich haben wir ja auch gesiegt.»

Seinerzeit habe man sich glücklich gefühlt, wenn beim Verkauf einiger Hofprodukte wie Milch, Tomaten und Äpfel 200 Mark Umsatz gemacht wurde. Organisatorisch ist der Dottenfelderhof inzwischen in die drei Betriebsbereiche Landwirtschaft, Holzofenbäckerei und Hofladen unterteilt. Umgesetzt wird hier jährlich so viel Geld, dass davon 120 Menschen leben können. Allein 5000 Menschen kommen zum einmal im Jahr stattfindenden Hoffest. «Schon als Lehrling auf dem Hof habe ich ein sehr nahes Verhältnis zu diesem Stück Erde hier aufgebaut», sagt Klett. «Wir kämpften um diesen Hof. Mein Resümee: Man muss kämpfen, es geht nichts von selbst, man hat immer mit ungeheuren Widerständen zu rechnen.»

EXPEDITION 2

Warum haben Kühe Hörner?

Das Rätsel Rudolf Steiner

«Ein aus den Werken Wilhelm Buschs entlaufener Jesuit»

Es ist eigenartig: Ausgerechnet ein Mann, der in keiner einzigen Geschichte der Philosophie an prominenter Stelle erwähnt wird, hat etwas verwirklicht, wovon so viele Denker seit Pythagoras und Plato nur träumen durften: Schon zu Lebzeiten war es Rudolf Steiner gelungen, eine, wie es Friedrich Nietzsche vorschwebte, Vereinigung «gleichgestimmter Seelen» zu gründen, also eine eigene Schule. Sicherlich, Steiners Anthroposophische Gesellschaft war oder ist weder Platons Akademie noch Aristoteles' Peripatos; schon gar nicht hat sie sich den fröhlichen Garten Epikurs als Vorbild genommen. Dagegen böten sich Vergleiche mit jenem griechischen Geheimbund an, deren Mitglieder auf Gehorsam, Verschwiegenheit und seltsame Bräuche getrimmt wurden. Pythagoräern war es strikt verboten, Bohnen zu essen, auf Landstraßen herumzuspazieren, weiße Hähne anzurühren oder in einen Bronzespiegel zu blicken, wenn daneben eine Kerze brannte. Pythagoras war ganz nach Steiners Geschmack: Dieser Meister der Zahlen habe «als Quellen die Mysterienweisheit und hat diese in Begriffe umgewandelt; er ist Hellseher, nur hat er das, was er als Seher erfahren, in philosophische Form gebracht».

Und so sehen viele in den Anthroposophen eine okkulte, esoterische Bruderschaft, die die Mistel als Wunderwaffe gegen den Krebs propagiert und ansonsten verzweifelt Erkenntnisse irgendwelcher höherer Welten erlangen möchte. Als «Christus des kleinen Mannes» charakterisierte Kurt Tucholsky Steiner, als dieser 1924 in Paris einen Vortrag über das Seelisch-Geistige hielt. Der Mann sehe aus wie ein aus den Werken Wilhelm Buschs entlaufener Jesuit: «Bauernschädel, gefalteter Komödiantenmund, Augen, die sich beim Sprechen nervös schließen und nur manchmal – in ff. Dämonie – die Zuschauer ansehen.» Den Inhalt des Vortrags beschrieb Tucholsky kurz und bündig: «Je größer der Begriff, desto kleiner bekanntlich sein Inhalt – und er hantierte mit Riesenbegriffen.»

Ähnlich erging es Albert Einstein: Dieser besuchte um 1910 einen Vortrag Steiners in Prag und verließ lachend den Saal. Später schrieb Einstein: «Der mystische Zug unserer Zeit, welcher sich besonders in dem Wuchern von Theosophie und Spiritismus zeigt, ist für mich nur ein Symptom von Schwäche und Zerfahrenheit.»

Was für die einen mit öder Metaphysik garnierter Unsinn ist, gilt bei anderen als tiefsinnig und bedeutsam. Und so sind Steiners Gedanken in viele Sprachen übersetzt worden, die Titel seiner Bücher lesen sich wie ein Konglomerat aus philosophischen Lehrstücken und mystischem Spuk. Steiner rätselt über die Philosophie, die Menschen und die Seelen, er analysiert *Wahrheit und Wissenschaft*, er beschreibt Nietzsche als *Kämpfer gegen seine Zeit* sowie *Das Christentum als mystische Tatsache*. Auf insgesamt 365 Bände kommt Steiners Werk aber nur, weil praktisch jeder seiner Vorträge mitstenographiert wurde. Und Reden war Steiners Spezialität, ein Schnellzug ohne Rückfahrschein. Steiner redete und redete und soll es so auf 5965 Vorträge gebracht haben. Während seiner Reden schauten ihn seine Zuhörer oft an, als sei er ein unbesetztes Taxi. Er redete vor Arbeitern, Politikern, Wissenschaftlern und Philosophen, mal öffentlich, mal nichtöffentlich. Er thematisierte Architektur, Politik, Naturwissenschaften, Medizin, Landwirtschaft, Pädagogik, Reinkarnation und Karma.

Steiner redete über einen Zeitbegriff, bei dem die Zeit rückwärts vorgestellt werden muss, zu guter Letzt vor allem aber über die Anthroposophie als die Wissenschaft vom Geiste: «Anthroposophie», behauptet Steiner, «ist ein Erkenntnisweg, der das Geistige im Menschenwesen zum Geistigen im Weltenall führen möchte.»

«Rudolf Steiner ist ein Rätsel. Kein Zweifel. Und dieses Rätsel lässt sich nur lösen, indem man es aufmerksam studiert», sagt Manfred Klett zu all diesen Merkwürdigkeiten. Dann fügt er hinzu: «Für die Öffentlichkeit existierte das Rätsel Steiner ja nicht, solange er als Philosoph aktiv war. Er hat ja Naturwissenschaften studiert, aber davor schon Kant gelesen. Dieses unglaubliche Wissen, das ist für mich das Erstaunlichste überhaupt. Ein Mann, der die komplette Weltliteratur und Philosophie studiert hat. Später hat er in Weimar die kompletten naturwissenschaftlichen Schriften von Goethe aufgearbeitet. Um zu begreifen, wer Rudolf Steiner ist, müssen Sie diese erst einmal gelesen haben. Steiner versucht, Goethe für den erkennenden Menschen verstehbar zu machen. Goethe ist ja nicht verstanden worden. *Grundlinien einer Erkenntnistheorie der Goetheschen Weltanschauung, mit besonderer Rücksicht auf Schiller* – dieses Buch Steiners ist für mich persönlich der Einstieg in die Grundlagen seiner Erkenntnistheorie gewesen.»

Geboren wird das Rätsel am 27. Februar 1861 in Kraljevec, einem Dorf in der Doppelmonarchie Österreich-Ungarn, später Jugoslawien, heute Kroatien. Sein Vater Johann ist Beamter der österreichischen Südbahn, die Familie, zu ihr gehören neben der Mutter noch zwei Schwestern, zieht mehrmals um, 1868 nach Neudörfl. Dort leitet der Vater die örtliche Bahnstation, während der Sohn mit dem Lieblingsfach geometrisches Zeichnen die Oberrealschule im drei Kilometer entfernten Wiener Neustadt besucht. Mit 17 Jahren wird Rudolf von seinen Mitschülern zum A-priori-Mann gekürt. Er hat innerhalb kürzester Zeit die wichtigsten Schriften Immanuel Kants gelesen und daraufhin diesen Ausdruck zu seinem Lieblingswort erkürt.

Ab 1879 studiert A-priori-Rudolf an der Technischen Hochschule in Wien Naturwissenschaften, er belegt die Fächer Chemie, Biologie, Physik, Mathematik, hört aber auch Literatur, Philosophie und Geschichte. Besonders beeindruckt ihn die idealistische deutsche Naturphilosophie. Dabei handelt es sich um eine Denkströmung, deren Vertreter von Spöttern gerne als Menschen charakterisiert werden, die einmal im Monat morgens mit dem brennenden Wunsch aufgewacht sind, ein neues philosophisches System zu kreieren, und diesen Wunsch auch prompt am Schreibtisch in die Tat umsetzten. Die Dunkelheit des Ausdrucks ist ein Indiz für die Tiefe der Gedanken.

Gleichzeitig bekommt Steiner von seinem Professor Karl Julius Schroer einen intensiven Geschmack für Goethe, dessen Faust und die Farbenlehre verpasst. Auch macht Steiner, wie er sich später erinnert, Bekanntschaft mit jenen eigenartigen Strömungen, «die durch die okkulte Welt gehen, die man nur erkennen kann, wenn man eine aufwärts- und eine abwärtsgehende Doppelströmung ins Auge faßt».

So kunterbunt, wie es einmal begonnen hat, geht es mit dem A-priori-Mann weiter: Während er Goethes naturwissenschaftliche Schriften ediert, lernt er als Privatlehrer sogenannte Problemkinder kennen. Diese Erfahrungen sollen sich entscheidend auf seine späteren sozialen und pädagogischen Ideen auswirken. Im Juni 1886 besucht er erstmals auf Einladung der ein Jahr zuvor von der Großherzogin Sophie von Sachsen-Weimar zum Zweck der Nachlassverwaltung gegründeten Goethe-Gesellschaft Weimar: Dorthin übersiedelt Steiner im Herbst 1890. Müßiggang oder ein Leben als Bohemien kann ihm dort, wie überhaupt in seinem ganzen Leben, nicht unterstellt werden: Sein wortgewaltiges Hauptwerk *Die Philosophie der Freiheit* erscheint 1894, es öffnet ihm endgültig den Weg in die bekannten literarischen Zirkel.

In *Die Philosophie der Freiheit* präsentiert sich Steiner als radikaler, antiautoritärer und atheistischer Individualist, geprägt von Max Stirner und Nietzsche. Dessen Gedanke vom Tod Gottes greift Steiner mit den Worten auf: «An Gottes Stelle den freien Menschen!» An Max Stirner, einem journalistischen Freigeist, fasziniert ihn ein Gedanke aus dessen Hauptwerk *Der Einzige und sein Eigentum* (1844): «Alle Wahrheiten unter mir sind mir lieb; eine Wahrheit über mir, eine Wahrheit, nach der ich mich richten müßte, kenne ich nicht.»

In der Cotta'schen Buchhandlung arbeitet er an der Herausgabe der Werke Arthur Schopenhauers, Jean Pauls, Ludwig Uhlands und Christoph Martin Wielands. Er lernt die verwitwete Anna Eunike kennen, zieht bei ihr zu Hause ein und wird sie später, 1899, in Berlin heiraten.

Besonders angetan von Steiner ist eine gewisse Elisabeth Förster-Nietzsche (1846–1935), jene Frau also, die Jahrzehnte später den Spazierstock ihres Bruders Friedrich an Adolf Hitler (1889–1945) verschenken sollte, um somit die Mär der geistigen Verwandtschaft dieser beiden so unterschiedlichen Männer in die Welt zu setzen. 1894 lädt die sowohl ehrgeizige als auch skrupellose Frau Steiner nach Naumburg in das Nietzsche-Archiv ein; schnell findet sie Gefallen an dem attraktiven, interessanten jungen Mann mit Bart, Nickelbrille und hochgerankter Stirn. Prompt beauftragt Förster-Nietzsche Steiner mit der Durchsicht der Schriften ihres Bruders, zugleich befördert sie ihn zu ihrem Hauslehrer in Sachen Weltphilosophie. Es wäre interessant zu wissen, welche erotischen Untertöne während dieses Privatunterrichts so herumknistern; am 5. Dezember bietet sie ihrem Lehrer die Leitung des Nietzsche-Archivs an. Doch dieser bewahrt seinen Stolz und winkt ab. Später bescheinigt Steiner Elisabeth Förster-Nietzsche, sie könne selbst über die einfachsten Aussagen ihres Bruders nicht selbstständig urteilen, ja, aller Sinn für gröbere logische Unterscheidungen, von den feineren ganz zu schweigen, fehle ihr.

«Unsäglich gelitten» habe er unter den Konflikten mit der Frau Förster-Nietzsche, schreibt Steiner, lässt aber auch eine gewisse Dankbarkeit erkennen, schließlich sei es schon beim ersten Rendezvous zu einer Begegnung mit dem umnachteten Bruder gekommen. Dieses Aufeinandertreffen erschüttert Steiner: «Jetzt hatte ich den Nietzsche geschaut, der aus weit entlegenen Geistgebieten Ideen in seinem Leib trug, die noch in Schönheit schimmerten, trotzdem sie auf dem Wege ihre ursprüngliche Leuchtkraft verloren hatten», heißt es in seinem autobiographischen Buch *Mein Lebensgang*.

Vielleicht bemerkt Steiner beim Anblick des verdunkelten Dichter-Philosophen erstmals, dass Schreiben und Reden allein nicht ausreichen; man benötigt Gefolgsleute und Verbündete, damit sich Ideen behaupten. In Briefen klagt er über seine Weimarer Einsamkeit. Aus dem einstigen Zentrum für Denker und Diskutanten ist ein biederes Provinznest geworden. 1897 kehrt er der Stadt den Rücken. Warum? Es darf spekuliert werden: Vielleicht will er seine eigenen Ideen endlich zum Leuchten bringen. Dafür bedarf es einer neuen Bühne: der Metropole. Für drei Jahre gibt er ab dem Sommer 1897 in Berlin die Wochenzeitschrift *Das Magazin für Literatur* heraus.

Zeitgenossen charakterisieren ihn als wunderlichen Menschen. Steiner versucht, frischen Wind in die Berichterstattung zu bringen, scheitert aber an der professoralen Leserschaft. Er wechselt das Metier: Fünf Jahre, zwischen 1899 und 1904, unterrichtet er an der von Wilhelm Liebknecht, dem Vater des Revolutionärs Karl Liebknecht, gegründeten Arbeiterbildungsschule die Fächer Geschichte, Literatur und Naturwissenschaften. Außerdem wirkt er neben der Schriftstellerin Else Lasker-Schüler, der Bildhauerin Käthe Kollwitz, den Schriftstellern Erich Mühsam und Stefan Zweig an prominenter Stelle in dem Künstlerkreis *Die Kommenden* mit. Und, aus heutiger Sicht eher unvorstellbar, zusammen mit dem Zoologen und Darwinisten Ernst Haeckel (1834–1919) gehört er dem Giordano-Bruno-Bund für einheitliche Weltanschauung an.

In dieser Zeit wird Steiner in Berlin zum umtriebigen Mann, ja, zu einer der Hauptfiguren des dortigen intellektuellen Lebens; er publiziert in unzähligen Zeitschriften, er hält innerhalb von sechs Jahren über 800 Vorträge. Die dabei erörterten Themen verweisen auf eine bizarre Vielfältigkeit: Von Giordano Bruno (1548–1600), dem bedeutendsten Naturphilosophen der Renaissance, über am nächsten Tag Friedrich Nietzsche, ein anderes Mal über Probleme der Hochschulpädagogik oder über den Weg von Buddha zu Christus. Ein Höhepunkt sicherlich der 17. Juni 1900: Anlässlich des Geburtstages des Erfinders des Buchdrucks mit beweglichen Metall-Lettern hören 7000 Buchdrucker Steiner im Zirkus Schumann über Johannes Gutenberg reden.

In Berlin wendet Steiner sich auch wieder jenen metaphysischen Ideen zu, die ihn schon in seiner Jugend fasziniert haben: So bewandert er in Mathematik und Naturwissenschaften ist, zu beidem könne er «kein Verhältnis finden, wenn ich deren Ergebnisse nicht auf einen sicheren philosophischen Boden stellen könnte». Dieser sogenannte sichere philosophische Boden ist mehr oder weniger das alte platonische Ideal von der Suche nach der Welt hinter den Sinnen: Auf die lichtgoldensten Strahlen der reinen Erkenntnis, mit denen sich das Seelenleben am perfektesten ausleuchten lässt, muss Steiner in

Berlin im Umkreis der Theosophischen Gesellschaft gestoßen sein.

Die betuchten Anhänger der Theosophie, also der Gottesweisheit, vom griechischen *theos* für Gott und *sophia* für Weisheit, erfreuen sich an altindischen Überlieferungen, an Kosmologie, Reinkarnation und Karma. Hier, im Herzen der Mythen, Geister und Mysterien, fühlt sich Steiner auf einmal sehr geborgen. Prompt sinniert er über Christologie, über das Leben zwischen Schlaf, Tod und Wiedergeburt, über den menschlichen Ätherleib und die astralische Welt. Im Grunde handelt es sich dabei um all jene Themen, die Mann oder Frau heutzutage während des Friseurbesuchs beim Durchblättern der obligatorischen Illustrierten auskundschaften, vom Horoskop einmal abgesehen.

1904 präzisiert der Schnellschreiber Steiner in seinem Buch *Theosophie. Einführung in übersinnliche Welterkenntnis und Menschenbestimmung* nochmals die Definitionen seiner Lieblingswörter. Wer schon einmal in den Schriften griechischer Philosophen herumgeschmökert hat, dem klingt manches vertraut. Die Seele ist der Ort, der die Erinnerung aufbewahrt. Warum auch nicht?

Was den bisher doch eher idealistisch-bodenständigen Denker zu dieser Wendung bewegt hat, darüber wird inzwischen kontrovers spekuliert. Es existiert eine Reihe an Biographien, die Steiners diverse Lebensabschnitte vom Goetheaner, Nietzscheaner und Anarchisten zum Theosophen und abschließend Anthroposophen kritisch analysieren. Wie konnte jemand, von Goethe und Nietzsche kommend, kurzerhand zum Okkultismus konvertieren? Ein Erklärungsversuch lautet, dass ein doch irgendwann in der akademischen Welt recht erfolgloser Steiner im theosophischen Bürgertum einen pekuniären Rettungsanker ausmachte. Dagegen beleuchten einige Autoren Steiners Weg und Ideen im Kontext der sogenannten Lebensreformbewegung. Diese war seinerzeit in Deutschland und der Schweiz mit ihren vielen Vereinen populär: Geprägt von einer Abneigung gegen Industrialisierung, große Städte und materialistische Werte, suchte man die Nähe zur Natur und zu neuen spirituellen Vorstellungen. Diesen Zeitgeist sollte man durchaus würdigen.

Freilich: Mit seinem programmatischen Gedanken, dass es hinter dem Umkreis des «normal bewußten Seelenlebens ein anderes gibt, in welches der Mensch eindringen kann», befand Steiner sich häufig in bester Gesellschaft. Etwa 1911, auf dem 4. Internationalen Philosophie-Kongress in Bologna, als Henri Bergson über *L'Intuition philosophique*, Graf Hermann Keyserling über *Die metaphysische Wirklichkeit* und Steiner selbst über *Die psychologischen Grundlagen und die erkenntnistheoretische Stellung der Geisteswissenschaft* sprachen. Kurze Zeit später hörte Franz Kafka den Meister in Prag über *Okkulte Physiologie* reden. Kafka notiert in sein Tagebuch, dass ein großer Teil seines Wesens sich zur Theosophie hingezogen fühlt, «gleichzeitig aber habe ich vor ihr die höchste Angst».

Wie auch immer, es existierte international ein theosophisches Universum: Ein vehementer Fan dieser okkulten Weisheiten etwa war der irische Literaturnobelpreisträger William Butler Yeats (1865–1939) gewesen, und es gab noch mehr: «Wäre der Fall Yeats einzigartig, könnte man die Theosophie als eine merkwürdige Fußnote zur modernen Kulturgeschichte abtun», schrieb der amerikanische Literaturkritiker Frederick C. Crews, «aber von 1880 an bis in die vierziger Jahre des 20. Jahrhunderts kreuzte eine imposante Anzahl prominenter Persönlichkeiten, von Kandinsky und Mondrian über Gandhi und Nehru zu Huxley und Isherwood, den theosophischen Orbit lange genug, dass von ihm die eigene Flugbahn maßgeblich verändert worden ist.»

1911 kracht es im Navigationssystem der theosophischen Umlaufbahn: Aus Indien ist ein Knabe eingeschifft worden, der den Europäern als wahrer Weltlehrer verkauft wird. Dies ist für Steiner inakzeptabel.

Als achtes Kind eines Angestellten der britischen Regierung ist dieser künftige Weltlehrer geboren worden, und somit, wie in Südindien üblich, nach einem Gott benannt, der auch ein achtes Kind gewesen ist: Krishnamurti (1895–1986). Aufmerksam auf den Jungen wurde Annie Besant, eine resolute linke Debattiersozialistin und ehemalige Geliebte des Schriftstellers George Bernard Shaw. Irgendwann sucht die Besant in Indien Heil und Glück, erwirbt dort übersinnliche Fähigkeiten und erzieht als Chefin der dortigen Theosophen Krishnamurti in ihrem Sinne. Besant geht mit ihrem neuen Star des Ostens auf Weltreise, ununterbrochen verkündet sie ihrer erstaunten Gemeinde die Neuigkeit von der Wiederkunft des wahren Weltlehrers. Als Erwachsener versteht sich dieser später derart gut auf sein Geschäft, dass ihn ein Hollywood-Studio als Hauptdarsteller für den ultimativen Buddha-Film verpflichten will. In Deutschland ist sein Einfluss nur marginal, dank Steiner. Dem geht die Hinwendung zu orientalischen Ideen gegen den Strich, seine eigene Geheimlehre ist doch eher abendländisch-christologisch geprägt. Steiner bereitet die Ankunft der endgültigen Botschaft vor und spaltet die Theosophische Gesellschaft.

Alles geht ruckzuck: An Weihnachten 1912 gründet der Meister seine eigene, die Anthroposophische Gesellschaft. Von den Theosophen zu den Anthroposophen wechselt auch sein Freund Christian Morgenstern, ebenso Marie von Sievers, Steiners rechte Hand. Die Heirat mit ihr findet am 24. Dezember 1914 statt. Zu diesem Zeitpunkt zählt die neue Gesellschaft schon 3000 Mitglieder, die meisten davon sind theosophische Abtrünnige.

Der Begriff Anthroposophie als Weisheit vom Menschen geistert seit dem 16. Jahrhundert durch diverse Schriften von Philosophen und Anthropologen, im Allgemeinen wurde damit einer Spiritualisierung der Naturwissenschaften und des sozialen Lebens das Wort geredet. Bekanntschaft mit diesem Begriff hat Steiner während seines Studiums gemacht, als er die Vorlesungen von Robert Zimmermann besucht, der 1882 ein Buch mit dem Titel *Anthroposophie im Umriß* veröffentlichte. Allerdings sei Anthroposophie, wie Steiner kurz vor seinem Tod definiert, nicht Weisheit vom Menschen, «sondern ‹Bewußtsein seines Menschentums›; das heißt, hinzielen sollen Willensumwendung, Erkenntniserfahrung, Miterleben des Zeitenschicksals dahin, der Seele eine Bewußtseinsrichtung, eine Sophia zu geben».

Das Ich, so die Anthroposophie, sei unser aller geistiger Wesenskern. Natürlich reiht sich diese Auffassung in jene Konzeptionen ein, die die Philosophie des deutschen Idealismus so wortgewaltig erzählt und perfektioniert hat. Das Ich produziert alles Sein und alle Erkenntnisse. Als anthropologischer Hellseher formulierte Steiner all dies nicht unbedingt origineller: Der Mensch ist durch sein Ich dazu berufen, zum Schöpfer seiner selbst zu werden. Das Ich ist rein geistiger Natur. Es liegt im Wesen des Geistes, dass er sich selbst erschaffen muss und durch nichts anderes als sich selbst erschaffen werden kann. Schon bei den wichtigsten Vertretern des deutschen Idealismus war das Ich eine menschliche und zugleich ewige Person. Von derartigen Auffassungen unterscheidet sich der Anthroposoph höchstens in Nuancen.

Unterdessen stumpft Steiners Blick für die sozialen Nöte seiner Zeit nicht ab. Er trifft sich während des Ersten Weltkriegs mit dem einflussreichen Prinz Max von Baden, dem späteren Reichskanzler, um mit ihm Möglichkeiten eines schnellen Friedens zu diskutieren; dabei entwickelt er die Utopie einer Dreigliederung des sozialen Organismus: In dieser wird die Gesellschaft nicht zentral verwaltet, sondern gliedert sich in drei gleichberechtigte Selbstverwaltungsstrukturen, die das Wirtschaftsleben, das Geistesleben und das Rechtsleben erfassen. Steiner formuliert einen Aufruf *An das deutsche Volk und die Kulturwelt*, den auch Hermann Hesse unterschreibt. Steiner mobilisiert Gewerkschafter, in Bern trifft er den Revolutionär Kurt Eisner, kurz bevor dieser von einem Rechtsradikalen ermordet wird.

Steiners Ideen brachten nicht nur die biodynamische Landwirtschaft hervor, sondern auch die Waldorfschul-Pädagogik. Diese startete 1919 als Schule für Kinder von Mitarbeitern der Stuttgarter Zigarettenfabrik Waldorf-Astoria. Außerdem existierten anthroposophische Kindergärten sowie Kliniken und therapeutische Institute. Was immer man über Steiner denkt, er gehörte nicht zu jener Sorte Idealisten, die mit Ideen mehr Umgang hatten als mit Erfahrungen. Auch kreierte er, wie es jedem echten Philosophen stets vorschwebte, seine eigene, ganz spezielle Ästhetik: Diese fasst Kunst nicht als Luxus, sondern als etwas mit dem Leben im Einklang Stehendes auf. Kunst ist Nahrung für die alltägliche Inspiration.

«Das praktische Leben konnte nicht heraufgehoben werden zur künstlerischen Form, weil die Kunst sich selber vom Leben getrennt hatte», beklagte Steiner und beeinflusste damit so illustre Persönlichkeiten wie den deutschen Schriftsteller Michael Ende, den amerikanischen Nobelpreisträger Saul Bellow und den russischen Dichter Andrei Bely. Auch eine Heerschar an illustren Künstlern zog Steiner in seinen Bann: Wassily Kandinsky hörte 1909 einen Vortrag von Steiner und war sofort fasziniert, ebenso wie Piet Mondrian und Kazimir Malevich. Bekanntlich war auch der Bildhauer Joseph Beuys bekennender Steiner-Anhänger. Man mag dessen Motto *Jeder Mensch ist ein Künstler* für Scharlatanerie halten, aber immerhin förderte Beuys mit seinen Ideen in einem wichtigen Moment deutscher Geschichte einen individualistischen Aufruhr, der zumindest für kurze Zeit nicht nur die hochbezahlten Kulturfunktionäre dieser Welt irritierte.

Auch eine eigene Bühnentanzkunst brachte die Anthroposophie hervor: Nach dem Motto, man könne alles tanzen, was man fühlt, entstand die Eurythmie. Dargestellt werden bei dieser Raumbewegungskunst geistige Auffassungen durch Gesten, Körperbewegungen und Gebärden. Eurythmie wird an jeder Waldorfschule unterrichtet. Als Hommage an diese Bewegungstechnik, mit der die Sängerin Annie Lennox schon in ihrer Kindheit Bekanntschaft gemacht hatte, nannte sie ihr mit David Stewart gegründetes Pop-Duo *Eurythmics*.

Wie alle weitsichtigen Oberhäupter einer geistigen Schule, so suchte auch Steiner nach einem räumlichen Zentrum: Er plante die Errichtung eines sogenannten Johannesbaus in München, 1913 findet die Grundsteinlegung im schweizerischen Dornach statt, wenige Kilometer südlich von Basel. Steiner empfahl seinen Anhängern, Beton als Baustoff ebenso wie den rechten Winkel zu vermeiden. Anthroposophische Bauten bevorzugen daher Kreisbogen und sind entsprechend teuer. 1920 wurde das recht pompöse Gebäude fertig und Goetheanum getauft.

1922, in der Silvesternacht, wird der Bau durch einen Brand völlig zerstört, die näheren Ursachen sind bis heute unbekannt geblieben. Als Steiner am 30. März 1925 in Dornach an Magenkrebs stirbt, hat der Wiederaufbau schon begonnen. Untergebracht sind im Goetheanum heute die Allgemeine Anthroposophische Gesellschaft sowie eine Freie Hochschule für Geisteswissenschaft.

Das Horn der Kuh als großer Vitalisierer: Rudolf Steiners Erklärung

«Haben Sie schon einmal nachgedacht, warum die Kühe Hörner haben?»

Diese Frage stellte Rudolf Steiner am 12. Juni 1924, um sie dann in der für ihn typisch unwiderstehlichen Art selber zu beantworten. Es war nicht die einzige wichtige Frage, die Dr. Steiner an Pfingsten 1924 aufwarf. Versammelt hatten sich über 100 Landwirte aus Deutschland, Österreich und der Schweiz, Tagungsort war das Gut des Grafen von Keyserlingk im schlesischen Koberwitz, einer zehn Kilometer südwestlich von Breslau entfernten 1200-Seelen-Gemeinde. Breslau heißt inzwischen Wroclaw, und Koberwitz wurde 1933 in Rößlingen und nach dem Zweiten Weltkrieg in Kobierzyce umbenannt. Seit 1999 informiert eine helle Sandsteinplatte mit einer Inschrift auf Deutsch und Polnisch zusammen mit einem Bronzehalbrelief Steiners über die historische Versammlung. Das schlossartige Anwesen des Gutes ist inzwischen restauriert und wirkt dank seines großzügigen Parks wie die südfranzösische Sommerresidenz mittelalterlicher Päpste. Es ist dieser Ort, von dem aus sich die Idee der biodynamischen Wirtschaftsweise verbreitete, hier hielt Rudolf Steiner zwischen dem 7. und 16. Juni 1924 seinen *Landwirtschaftlichen Kursus* ab.

Schon 1920 hatten sich Landwirte an Steiner gewandt, mit der Bitte, gemeinsam etwas gegen den «Zerfall der Saatgut- und Ernährungsqualität» zu unternehmen. So bemerkte Ernst Stegemann, Pächter eines 175 Hektar großen Betriebes bei

Göttingen, eine Verringerung der Bodenfruchtbarkeit. 1922 begann er daher, seinen Hof ohne synthetischen Stickstoffdünger zu bewirtschaften. Der bei der BASF beschäftigte Ingenieur Johann Simon Streicher kontaktierte Steiner, weil er als einer der Ersten die Risiken der neuen chemischen Wunderwaffen abschätzte: Die beim Lösen des Stickstoffdüngers frei werdenden Säurereste, so Streichers Annahme, würden über kurz oder lang das Ackerland versauern lassen. Einer der wichtigsten Initiatoren des Kurses war Carl Graf von Keyserlingk (1869–1928): Der Nachfahre eines alten Rittergeschlechts des Deutschherrenordens wurde in eine naturwissenschaftlich interessierte Familie hineingeboren, sein Vater war der bekannte Geologe Eugen Wilhelm von Keyserlingk. Dessen Werk zitierte Charles Darwin wohlwollend in seinem Vorwort zur sechsten Ausgabe von *The Origin of Species*. Der Graf hatte Steiner 1918 während eines Vortrages in Berlin kennengelernt. Als Direktor einer landesweit operierenden Unternehmensgruppe verwaltete er eine Reihe von Gütern bei Breslau, auf denen in großem Maßstab Viehwirtschaft mit über 1000 Arbeitern betrieben wurde. Seinerzeit beschäftigte die Landwirtschaft 30 Prozent der arbeitenden Bevölkerung Deutschlands. Jedes Jahr kaufte der Graf mindestens 1000 neue Kühe hinzu. Eine Zeitlang wurden die Tiere intensiv gemolken, um dann zügig auf dem nächsten Schlachthof zu landen. Tief im Inneren seines Herzens missbilligte Keyserlingk diese Form von Agrar-Business, auch deshalb, weil er zusammen mit seinem engagierten Praktikanten Erhard Bartsch bei den Kühen eine massive Unfruchtbarkeit sowie bis dato unbekannte Krankheiten diagnostizierte. Ähnliche Beobachtungen hatten Tierärzte während einer Maul- und Klauenseuche-Epidemie gemacht, auch sie wandten sich an Steiner. Bartsch war es auch, der 1929 in einer Diskussion mit Ernst Stegemann den Begriff biologisch-dynamischer

Landbau für die anthroposophische Form der Landwirtschaft kreierte.

Düngung, Pflanzenzüchtung und Tierhaltung aus der Sicht der Anthroposophie waren die vorrangigen praktischen Themen. Es ging aber auch um die Aktualität alter Bauernregeln sowie um die spirituelle Haltung gegenüber Erde und Pflanzen. Ausgehend von den Ideen Goethes über Pflanzen schlug Steiner eine Brücke zur Landwirtschaft. Er thematisierte die Funktion von Blüten und Wurzeln sowie den Zusammenhang zwischen Düngung und Pflanzen. So gelangte er zu seinen ungewöhnlichen Vorstellungen von Düngung. Steiner stellte die Pflanzen in einen Bezug zu Böden und Tieren; dies war die Geburt der Idee vom landwirtschaftlichen Organismus.

Das Interesse an dem Kurs war groß, daher bestand Steiner darauf, nur solche Landwirte teilnehmen zu lassen, die zugleich auch Mitglieder der Anthroposophischen Gesellschaft waren. Es durften keine Naturwissenschaftler anwesend sein. Eine weitere Bedingung Steiners war, dass die Teilnehmer vorher ausführlich seine beiden Bücher *Theosophie* und *Die Geheimwissenschaft im Umriß* studieren mussten. Ein Jahr vor seinem Tode war der rastlose Steiner – stets fuhr er abends noch nach Breslau, um dort über das *Karma als Schicksalsgestaltung des menschlichen Lebens* zu sprechen – auf dem Gipfel des Ruhmes angelangt. Zumindest in seinen Kreisen. Als Graf Keyserlingk von Steiner gefragt wurde, ob er sich verständlich ausgedrückt hätte, antwortete der Graf: «Nein, Herr Doktor, ich habe nichts verstanden.»

«Haben Sie schon einmal nachgedacht, warum die Kühe Hörner haben oder gewisse Tiere Geweihe haben?», fragte Rudolf Steiner am Vormittag des 12. Juni 1924 im Rahmen seines vierten Vortrages mit dem Titel *Kräfte und Substanzen, die in das Geistige eingehen: Die Düngungsfrage*. Dann fügte er hinzu: «Das ist eine ordentlich wichtige Frage. Aber dasjenige, was die Wissenschaft darüber bietet, ist gewöhnlich etwas außerordentlich Einseitiges und Äußerliches.»

Was immer auch Steiner hier mit Wissenschaft gemeint hat, es wird einem klassischen Geistesforscher niemals ausreichen: «Es handelt sich bei der Auffindung von geisteswissenschaftlichen Methoden auch für die Landwirtschaft darum», leitete Steiner diesen vierten Vortrag ein, «gewissermaßen die Natur und die Wirkung des Geistes in der Natur im Großen anzuschauen, in seinem umfassenden Kreise, während die materialistisch gefärbte Wissenschaft immer mehr und mehr dazu übergegangen ist, sich auf die kleinen Kreise, auf das Kleine, zu konzentrieren.»

«Beantworten wir uns die Frage, warum die Kühe Hörner haben», fährt Steiner fort. «Sehen Sie, ich habe gesagt, das Organische, das Lebendige, muss nicht immer nur nach außen gerichtete Kraftströme haben, sondern kann auch nach innen gerichtete Kraftströmungen haben. Nun stellen Sie sich einmal so ein Organisches vor, das klumpig gebildet ist, nach außen gehende Kraftströmungen, nach innen gehende Kraftströmungen hat. Die Sache würde unregelmäßig sein, und es würde zustande kommen ja ein Organisch-Klumpiges, so ein klumpiges Lebewesen. Wir würden ganz sonderbar aussehende Kühe haben, wenn das nur der Fall wäre. Die wären alle klumpig, mit kleinen Fußansätzen, wie sie es im ersten Embryonalstadium noch sind. So würden sie bleiben, sie würden grotesk aussehen. Aber so ist die Kuh ja nicht eingerichtet, sondern die Kuh hat Hörner, hat Klauen.»

Was also geschieht laut Rudolf Steiner an jenen Stellen, an denen das Horn wächst? «Da wird ein Ort gebildet, der in besonders starker Weise die Strömungen nach innen sendet. Da wird das Äußere besonders stark abgeschlossen.»

Scharfsinnig unterschied Steiner in seinem Vortrag zwischen Horn und Geweih. Bei Letzteren gehe es nicht um

Ströme, die in den Organismus zurückgeführt würden, sondern die mit Hilfe von «Ventilen» nach außen gelenkt werden. Der Hirsch praktiziert dank seines Geweihes «eine starke Kommunikation mit seiner Umgebung dadurch, dass er gewisse seiner Strömungen nach außen sendet und mit der Umgebung lebt».

Das Horn der Kuh als metaphysisches Kommunikationsorgan also, Steiners Idee stellte nur den Beginn einer langen Euphorie dar: Auch nach seinem Tod haben sich eine Reihe anthroposophischer Praktiker am Kuhhorn versucht. Auch ihnen reichten die herkömmlichen wissenschaftlichen Auffassungen zur Hornbildung, wenn sie diese überhaupt kannten, nicht aus. So widmet beispielsweise Nicolas Joly, ein berühmter Winzer an der Loire, in seinem einflussreichen Buch *Le vin – du ciel à la terre* (1997) der Frage nach dem tieferen Sinn des Gehörns der Rinder einen ganzen Abschnitt. Rinder benötigen, so Joly, unbedingt die antennenähnlichen Hörner, um so den Kontakt mit den Kraftfeldern der Sonne herzustellen: «Wenn Rinder an Platzmangel leiden und der Möglichkeit beraubt werden, mittels ihres Gehörns, das wie eine Antenne wirkt, Kontakt mit der Sonne zu halten, schwindet im Verlauf etlicher Generationen das Arttypische.»

Winzer Joly als Hohepriester weinseliger anthroposophischer Träumereien gibt auch zu bedenken, dass zu mittelalterlichen Gelagen der französische Adel mit dem Ruf «Das Wasser ist ins Horn gefüllt» zu Tisch gebeten wurde. In dem Horn müsse daher etwas sein, das Wasser vitalisiert. Das Horn der Kuh ist der große Vitalisierer. Und exakt dies ist die Idee bei der Herstellung und Anwendung der biodynamischen Spritzpräparate.

EXPEDITION 3

Die permanente Aufrüstung

Stickstoff und Glyphosat

1. Verstickte Erde: Das Gruselkabinett des Dr. Haber

Kuhmist und Hornkiesel versorgen Äcker und kurbeln dazu noch die biologische Dynamik an. Niemand weiß, wie es funktioniert. Willkommen in einer fremden Welt. Wer aber jemals in einem vier Hektar großen Weingarten stand, der jeweils zur Hälfte konventionell und biodynamisch bearbeitet wird, bemerkt schnell den Unterschied: Im Sommer vor der Ernte scheinen die biodynamischen Reben in einem satten Grün, im Vergleich dazu wirken die konventionellen in ihrem lullen Blassgrün eher müde. Auch die aus den Reben hergestellten Weine weisen offensichtliche Geschmacksunterschiede auf.

Kunstdünger mache die Pflanzen krank, deduzierte Steiner. In diesem Sinn lässt sich auch ein Umkehrschluss aufstellen: So wie sich Unkraut gegen Glyphosat wehrt, so entwickeln Pflanzen Überlebensstrategien gegenüber künstlichem Stickstoff. Kommt es dann irgendwann zu einem völligen Verzicht auf Kunstdünger und Herbizide, leben die Pflanzen nach einer gewissen Zeit neu auf.

Kunstdünger ist die Krux der modernen Landwirtschaft. In der Tat haben die Pflanzen allen Grund, sich gegen ihn zu wehren, denn dieser Dünger ist ein Spreng- und Explosivstoff. Er wurde auch nicht entwickelt, wie seit 100 Jahren so gerne behauptet wird, um die Menschheit vor dem Verhungern zu retten. Diese Wissenschaftsgeschichte schmeckt nach Ammoniak und Senfgas. Hergestellt wird Ammoniak als Ausgangsstoff für Kunstdünger aus Wasserstoff und Stickstoff nach dem Haber-Bosch-Verfahren. Fritz Haber (1868–1934) selbst war ein deutscher Patriot und Jude, seit 1911 Direktor des Kaiser-Wilhelm-Instituts für physikalische Chemie und Elektrochemie in Berlin, Chemie-Nobelpreisträger des Jahres 1918 und mit der Gründung der I. G. Farbenindustrie AG im Jahr 1925 deren Aufsichtsratsmitglied. Darüber hinaus war Haber der Erfinder des Giftgaskrieges, seine Mittel stellte er später in der Landwirtschaft im Kampf gegen Kartoffelkäfer auf die Probe. Das Gleiche lässt sich im Prinzip von seinen Patenten an dem nach ihm benannten Verfahren sagen: Stickstoff stand auf der Tagesordnung, um Deutschland für einen künftigen Krieg zu wappnen. Denn schon in Friedenszeiten war Fritz Haber ein unermüdlicher Patriot, für den der Sieg des Vaterlandes wissenschaftliche Priorität besaß.

Stickstoff (N): Das träge Element

Es gibt Begriffe, die sich selbst nicht schmeicheln. Stickstoff ist einer von ihnen.

Stickstoff (N) ist allgegenwärtig: So besteht das unter dem Namen Atmosphäre bekannte Gasgemisch durchgängig aus 78 Volumenprozent Stickstoff, 21 Prozent Sauerstoff, 0,03 Prozent Kohlendioxid und einem Prozent Argon sowie anderer Edelgase, und dies aufgrund ununterbrochener turbulenter Verquickung bis in 100 Kilometer Höhe. Dass Leben ohne Sauerstoff im Allgemeinen zum Erliegen kommt, ist bekannt. Erstaunlicherweise gilt dasselbe für Stickstoff: Dieser ist nicht nur ein Schlüsselelement aller Ökosysteme, sondern des Lebens überhaupt. Er ist Bestandteil der zwei wichtigsten Moleküle einer Zelle – der Proteine sowie der Nukleinsäuren, die die genetischen Informationen nun seit 3,8 Milliarden Jahren von Generation zu Generation weitergeben.

Aber Stickstoff bedeutet nicht nur Leben, in reiner Form bringt er es zum Ersticken. Einige Atemzüge mit Stickstoff, und die Lunge spielt nicht mehr mit.

Stickstoff zählt zusammen mit Sauerstoff und Kohlenstoff zu den am häufigsten vorkommenden Elementen. In der Erdatmosphäre existiert Stickstoff nur in einem gasförmigen Zustand, als sogenannter molekularer Stickstoff, als N_2. Dieser Stickstoff ist farblos, geruchlos, geschmacklos und verflüssigt sich, wie alle Gase, wenn man ihn abkühlt. Zu einer farblosen Flüssigkeit wird Stickstoff erst bei einer Temperatur von minus 196 Grad Celsius.

Eigenartig ist, dass der in der Luft befindliche Stickstoff extrem reaktionsarm ist: N_2 bedeutet, dass jedes Molekül aus zwei Stickstoffatomen besteht. Üblicherweise funktioniert der feste Zusammenhalt von Atomen in Verbindungen über zwei Elektronen, bezeichnet wird dies auch als Elektronenpaarbindung. Nicht so bei N_2, hier werden die beiden Atome durch eine sogenannte Dreifachbindung miteinander verkettet. Diese Bindung ist äußerst widerstandsfähig gegenüber chemischen Angriffen.

Über viele Jahrhunderte galt Luft als eine äußerst mysteriöse Substanz, die den wissenschaftlichen Koryphäen Rätsel aufgab. Daniel Rutherford, Chemiestudent an der Universität Edinburgh, entdeckte Stickstoff 1772 und nannte es *noxious*, also schädlich, da in ihm weder Kerzen brennen noch Mäuse atmen konnten. Später taufte der französische Chemiker Antoine-Laurent Lavoisier *noxious* wegen seiner Reaktionsträgheit in *azote* um, was leblos bedeutet. Diese Bedeutung gibt der deutsche Ausdruck Stickstoff treffend wieder. In der Reihe der natürlichen chemischen Elemente wird Stickstoff inzwischen als Nitrogenium (N) geführt, vom lateinischen *nitrum* für Laugensalz, was auf sein Vorkommen im Salpeter verweist.

Wegen der starken Verkettung der Atome können diese nur durch extrem hohe Energien getrennt werden. Im 19. Jahrhundert wusste man, dass die Wucht von Blitzen reaktionsfähigen Stickstoff freisetzt, der sich wohltuend auf Pflanzen auswirkt. Damals erkannte man: Käme jemand daher und entwickelte ein Verfahren, mit dem der in der Atmosphäre befindliche Stickstoff industriell verfügbar gemacht werden könnte, dieser Pionier wäre nicht nur ein berühmter, sondern auch ein sehr reicher Mann.

Fritz Haber: Wissenschaftlicher Patriot und Organisator des deutschen Giftgaskrieges

Die Lunge ist ein empfindliches Organ – niemand wusste dies besser als Fritz Haber. Die Lunge dient der Atmung, eine Attacke ist lebensbedrohend. Wenn der Wind richtig steht, gilt der Gasangriff als perfekte Attacke auf dieses Organ. Gas wirkt schnell und lässt der Lunge keine Chance. Xylylbromid, Chloraceton, Bis(2-chlorethyl)thioether oder Chlorcyan sind Gase oder deren Bestandteile, die ein Individuum kurz und schmerzlos töten, gleichgültig ob Mensch oder Kartoffelkäfer.

Schon frühzeitig erkannten Politiker, Generäle und Wissenschaftler die von Giftstoffen ausgehenden Gefahren. Am

18. Oktober 1907 ratifizierten fast alle europäischen Staaten die «Haager Landkriegsordnung». Diese verbot explizit die Verbreitung von «giftigen und erstickenden Gasen», also chemischen Kampfstoffen. Haber störte das wenig. Er kannte sich mit erstickenden Gasen ebenso gut aus wie mit Vertragsabschlüssen für seine Patente und wurde daher nach Ausbruch des Ersten Weltkriegs zum Leiter der chemischen Abteilung im Kriegsministerium ernannt. Haber nutzte seine Chance. Ein Wissenschaftler, so seine Devise, gehöre in Zeiten des Friedens der Welt, in Kriegszeiten aber seinem Land. Habers Land war das deutsche Kaiserreich.

Die Ursprünge des Ersten Weltkrieges sind komplex, sie werden immer noch debattiert. Aber es dürfte kein Zweifel daran bestehen, dass der deutsche Kaiser, seine Militärs, die Gelehrten und Wissenschaftler in militaristischen Ideen getränkt lebten. Deutschland ist eine Nation von hoher kriegerischer Kultur gewesen: Das Vaterland wurde glorifiziert, der Krieg bejubelt. Kurz nach dessen Beginn, am 4. Oktober 1914, publizierten 93 Intellektuelle und Wissenschaftler einen *Aufruf an die Kulturwelt*, in dem der Armee versichert wurde, dass die deutsche Kultur fest an ihrer Seite stehe. Begrüßt wurde die Invasion in das neutrale Belgien sowie das Erschießen belgischer Zivilisten, die sich dieser Invasion entgegenstellten. Natürlich unterzeichnete Haber dieses Machwerk, ebenso wie etwa die Physiker Max Planck und Wilhelm Röntgen oder die Chemiker Adolf von Baeyer, Wilhelm Ostwald und Hermann Emil Fischer. Auch Albert Einstein wurde zur Unterzeichnung gebeten, er lehnte ab. Da mache er nicht mit, später sprach er «vom bornierten Anbeten falscher Götter, die Verderben schicken».

Unterdessen schreckte Haber vor nichts zurück. Als Erstes versuchte er es mit Kakodylchlorid, einem Stoff, der, so Originalton Haber, um «seiner entsetzlich reizenden und zugleich giftigen Eigenschaften willen seit zwei Menschenaltern nicht mehr chemisch studiert worden» war. Die Detonation beim ersten Test tötete einen seiner besten Mitarbeiter, ein anderer verlor die rechte Hand, der Meister selbst war zufälligerweise nicht im Experimentierraum. Es folgten Übungen auf einem Schießplatz bei Köln-Wahn mit in den Farbfabriken Bayer produzierten Granaten. Gefüllt wurden diese mit Dianisidinchlorhydratsulfat, einem Rohstoff für die Farbherstellung. Der erste Einsatz an der Front im Dezember 1914 war vielversprechend. Als Nächstes packte man die Haubitzengeschosse mit Xylylbromid voll. Da dieser Stoff aber bei kaltem Wetter nicht sonderlich wirkt, wurde ihm Bromaceton beigemischt, das heute als Augenreizstoff im Tränengas seine Pflicht erfüllt. Diese Art der Chemie war ganz nach Habers Geschmack, und so beschäftigte er sich mit Chlorgas: Man müsse es aus Zylindern nur richtig abblasen können, schon ergreife der Feind die Flucht oder falle arglos tot um. Chlorgas wurde zu einem Leitmotiv in Habers Leben. Nur das Wetter musste mitspielen. Beim Gasangriff sollte der Wind in Richtung gegnerische Schützengräben wehen.

Haber war nicht nur Gelehrter und Theoretiker, sondern vor allem Praktiker und Experimentator. Er war mobil. Er konnte montags anlässlich einer Parade mit Frack und Zylinder hinter dem Kaiser hermarschieren, dienstags als Laborkittel mit Chlorgas in seinem Berliner Institut hantieren und am Donnerstag die Uniform anziehen, um den Krieg an vorderster Front zu organisieren. Haber genoss die Abenteuer zwischen Leben und Tod. 1893 war er zum Protestantismus konvertiert, was ihm als Soldat nichts nutzte. Als gebürtiger Jude durfte er in der Armee nur zum einfachen Hauptmann aufsteigen. Aber was für ein Hauptmann: Wie so viele andere deutsche Juden auch, so erfüllte er seine patriotische Pflicht mehr als hundertprozentig. Er avancierte zum Hauptmann mit Spezialauftrag und stellte eine eigene, schlagkräftige Sondereinheit für den Gaskrieg zusammen. Desinfektionskompanie lautete der Deckname für diese sympathische Truppe aus gestandenen Wissenschaftlern, angehenden Doktoranden, Abenteurern und Handwerkern. Wochenlang trainierte Haber seine Mannschaft und führte sie in die hohe Kunst der chemischen Kriegsführung ein.

Haber überwachte die Produktion Hunderttausender Tonnen von Giftgas und der dazu benötigten Zylinder; besessen von dem Gedanken, die erstarrten Fronten zwischen den Kriegsparteien aufzumischen, experimentierte er mit einem Gas nach dem anderen. Nichts überließ er dem Zufall, er kontrollierte alle Einzelheiten, regelmäßig inspizierte er die Schützengräben der vordersten Stellungen. Die aktuellsten Wetterprognosen kannte Haber so gut wie die Atomgewichte der chemischen Elemente. Für sein erstes Meisterwerk musste der Wind aus West-Nordwest kommen. Ununterbrochen rangen während des Krieges die feindlichen Lager um Ypern, einer Stadt in der belgischen Provinz Westflandern. Engländer, Franzosen und viele für Frankreich kämpfende Afrikaner brachten den Angriff der Deutschen zum Stoppen. Um so schnell wie möglich zum Meer durchzubrechen, verheizte die deutsche Heerleitung in den ersten Kriegstagen an der flämischen Front gewissenlos Schüler und Studenten. Die Alliierten hielten die Verteidigungslinie und verloren 50 000 Mann; insgesamt starben 135 000 Menschen. Nichts ging mehr. Für die deutschen Soldaten sollten die ewig feuchten Schützengräben Flanderns zur zweiten Heimat werden.

So wurde Chlor zum Maßstab aller Dinge. Chlor verbleibt bis minus 32 Grad Celsius gasförmig und ist hochgiftig. Ungewöhnlicherweise ist Chlor nicht farblos, sondern grüngelb, sein Name leitet sich vom griechischen Wort für grün ab. Wenige Milligramm pro Liter rufen lebensgefährliche Vergiftungen hervor. Beim Kontakt mit den Schleimhäuten oder den Lungen entsteht durch die Aufnahme von Wasserstoff unter Abspaltung von Sauerstoff Chlorwasserstoffsäure, in der Umgangssprache als Salzsäure bekannt. Die Säure verätzt den Körper, die Augen, die Schleimhäute. Das passte sehr gut zu Habers Ambitionen.

Am Nachmittag des 22. April 1915 öffneten Habers Truppen die Büchsen der Pandora: Aus 6000 Zylindern gleichzeitig schoss das Gas, verpustet wurden auf einer Linie von sieben Kilometern innerhalb von zehn Minuten 150 Tonnen Kampfstoff. Die grüngelbe Wolke roch nach Chlor und ätzte wie Salzsäure. Das Chaos, das Haber hörte oder durch das Fernglas sah, war spektakulär: Die Wolke senkte sich in die Gräben, die Soldaten atmeten, husteten und begannen zu schreien. Diejenigen, die lebten, mussten aus den Gräben herauskommen. Überall, wo er hinguckte, sah Haber rennende Feinde, Hemden oder Schals an den Mund gepresst, die Hände an den Kehlen. Die Gaswolke folgte ihnen. Die Soldaten warfen sich auf den Boden, vergruben ihre Gesichter in der Erde und krepierten.

Insgesamt starben so 5000 Menschen, 10000 lagen später schwer verletzt in den Lazaretten. Die Deutschen aber schlugen daraus kein Kapital. Sie agierten zu vorsichtig. Ängstlich langsam besetzten sie die gegnerischen Schützengräben, in denen noch gelbgrüne Wölkchen ihr Unwesen trieben. Die alliierten Soldaten gruppierten sich neu. So nützte der Sieg der Chemie den deutschen Generälen nichts. Immerhin verbreitete von nun an der Gedanke an Gas in Schützengräben Angst und Schrecken.

Und so experimentierte Haber weiter in seiner Berliner Giftküche und füllte in diesem Ort der Inspiration eine Granate nach der anderen ab. Vorher testete er die Reaktionszeit der Gifte an Tieren. Prompt fand er ein weiteres hochgiftiges

Zuckerstückchen: Kohlenoxiddichlorid ($COCl_2$), auch Phosgen genannt. Dieser Stoff übt eine noch unangenehmere Reizwirkung auf die Atemorgane aus als Chlor. Außerdem ist er, wichtig bei der Verwendung in Schützengräben, schwerer als Chlor.

«Auch dieser Versuch ergab eine gute Wolke», kommentierte Carl Duisberg (1861–1935), Chemiker und späterer Aufsichtsratsvorsitzender der I. G. Farben, ein erstes Experiment. Die Alliierten konnten sich aber im Laufe der Zeit immer besser gegen diese Gifte schützen. Sie begannen, Gleiches mit Gleichem zu vergelten, und produzierten auch ordentliche Gase. Irgendwann gehörte die Gasmaske mit ihrem auswechselbaren Atemfilter ebenso zum Krieg wie die gelbgrünen Wolken in den Schützengraben. Es musste ein Stoff her, der noch mörderischer als alles bisher Dagewesene war.

Erstaunlicherweise existierte diese Wunderwaffe bereits seit 1886, hergestellt von dem Chemiker Viktor Meyer in einem Göttinger Labor: Bis(2-chlorethyl)thioether. Wilhelm Lommel, ein Mitarbeiter der Bayer-Werke, reproduzierte den Stoff und schickte eine Probe an Haber. Angesichts der Wirksamkeit des Materials bekam der Meister Skrupel. Diese Bedenken räumte erst sein Mitarbeiter Wilhelm Steinkopf aus. Da das Wort Bis(2-chlorethyl)thioether selbst gewieften Chemikern nur langsam über die Lippen kam, erfand Haber den Ausdruck Lost, zusammengesetzt aus den beiden ersten Buchstaben von Lommel und Steinkopf. Für den Einsatz musste Lost mit anderen Chemikalien vermischt werden. So entsteht eine gelblich-braune Brühe. Diese riecht schon in geringster Dosierung nach Senföl und Zwiebeln. Beim Einatmen ist Meerrettich der primäre Lost-Goût. Ansonsten verursacht das Gift in kürzester Zeit blasenartige Entzündungen auf der Haut sowie Bindehautverletzungen im Auge. Lost dringt mühelos in Beton, Gummi, Leder und Ziegelsteine ein und, da es fettlöslich ist, über die Haut auch in den menschlichen Körper.

Der erste Einsatz erfolgte im Juli 1917 wiederum an der festgefahrenen Front um Ypern. Die deutschen Granaten flogen in die gegnerischen Schützengräben, explodierten und setzten ansehnliche Wolken frei. Die alliierten Versuchskaninchen nahmen ihre Masken ab und begannen zu niesen. Während sie sich noch über den Senfgeruch wunderten, bildete sich Schaum vor ihren Mündern. Soldaten begannen, sich zu erbrechen. Sie bekamen Durchfall. Einige pinkelten auf die Taschentücher, in der Hoffnung, ihr Urin könnte das Gas absorbieren. Kaninchen und Maulwürfe kamen aus ihren feuchten unterirdischen Gängen. Langsam rötete sich die Haut von Deutschlands Feinden. Erste Bläschen bildeten sich. Diese wurden größer und verteilten sich über den ganzen Körper. Augenlider schwollen an. Die glücklicheren Soldaten wurden, da sich die Netzhaut regenerieren kann, nur für einige Wochen blind. 1200 starben, 3000 Soldaten erlitten lebenslange Schäden.

«Als ein fabelhafter Erfolg hat sich Lost erwiesen; nicht wegen der Wirkung auf die inneren Organe, sondern wegen seiner Hautwirkung», kommentierte Haber trocken. Um die Letalität von Giftstoffen zu vergleichen, kreierte er eine mathematische Gleichung mit der Größe W und definierte diese als ein Produkt aus der Konzentration des Gases c und der Zeit t, mit der es wirkt. Je kleiner der Wert, desto giftiger die Verbindung. Am besten schnitt Lost ab, von den Engländern auch *mustard gas* genannt, also Senfgas. Die Überlebenden erkrankten an Krebs, schlugen sich dauerhaft mit Leber- und Nierenschäden herum oder liefen einfach nur mit zerstörten Lungen durch die Welt. Französisch heißt Senfgas inzwischen *ypérite*.

Verstießen nicht all diese Aktivitäten gegen die Haager Konvention, wollte Otto Hahn (1879–1968) wissen. Auch dieser spätere Nobelpreisträger leitete als Infanterie-Leutnant der Reserve Gasangriffe. Haber winkte ab und erklärte, dass die Franzosen mit dem Einsatz gasgefüllter Gewehrmunition angefangen hätten. Dies war glatt gelogen. Auch sei es möglich, so Habers gewiefte Argumentation, durch einen Gaskrieg unzählige Menschenleben zu retten. Schließlich könne der Krieg auf diese Weise schneller beendet werden. Dieselbe Geschichte erzählte der Professor auch immer und immer wieder jener Frau, die er im August 1901 geheiratet hatte: Clara Immerwahr (1870–1915), eine der wenigen Frauen, die seinerzeit promovieren durften, äußerte viele Male gegenüber Haber moralische Bedenken. Aber mit welchen Argumenten sie ihren Mann auch konfrontierte, dieser war stets mit seinen Gedanken beim nächsten Angriff. Irgendwann verfiel die erste Doktorandin in physikalischer Chemie an der Universität Breslau in Depression. Am 1. Mai 1915 gab Haber in seiner Dahlemer Villa ein Diner, in derselben Nacht schrieb Clara Immerwahr mehrere Abschiedsbriefe. Anschließend schoss sie sich mit dem Armeerevolver des Hauptmannes ins Herz. Zeugen berichteten, dass sie nicht sofort tot gewesen sei. Pflichtbewusst brach Haber am nächsten Morgen zur Front auf.

«Der Chemiker, vor allem der Chemiker gegen Ende des 19. Jahrhunderts, war seiner ganzen Art nach ein neuer Typ des Wissenschaftlers; er war viel enger mit der Industrie verbunden als der Naturwissenschaftler früherer Zeiten», charakterisierte der brillante britische Kristallgraphologe John Desmond Bernal 1954 in *Science in History* den Zeitgeist. Im Vergleich zu Haber war der gewiefte Justus von Liebig ein Teppichhändler: Schon in seinem 1898 publizierten Lehrbuch der Elektrochemie hatte Haber eine enge Beziehung zwischen Forschung und industriellem Prozess gefordert. Haber mochte enge Beziehungen, wenn sie ihm nutzten. Unter Industriebossen fühlte er sich ebenso heimisch wie unter Generälen; er dinierte mit Republikanern und Royalisten, er war lange Zeit mit Albert Einstein befreundet, er besuchte den ins holländische Exil verjagten Kaiser Wilhelm II. (1859–1941) noch, als Deutschland längst Republik war. Die Gäste in Habers Berliner Residenz dinierten von goldenen Tellern, als wohlhabender Mann verdiente er nicht nur an seinen Patenten, sondern kassierte als Institutsdirektor und Professor in Berlin 15 000 Reichsmark jährlich, was heutigen 85 000 Euro entspricht. Der Geheimrat erhielt, nebenbei bemerkt, im Jahr 1911 eine Professur an der philosophischen Fakultät, die vermutlich auch Rudolf Steiner gerne gehabt hätte. Seinerzeit war Berlin eine Hochburg der Sozialisten.

Einen Monat, nachdem Deutsche und Franzosen am 11. November 1918 einen Waffenstillstandsvertrag unterzeichnet hatten, öffnete Haber den lang ersehnten Brief der Königlichen Schwedischen Akademie der Wissenschaften mit der Mitteilung, dass er nun Nobelpreisträger der Chemie sei. Warum auch nicht? Französische und englische Zeitungen liefen Sturm. Immerhin stand er, freilich nur für kurze Zeit, auf der Kriegsverbrecherliste. Ausgezeichnet wurde Haber für die Entdeckung des Steines der Weisen, oder, wie die Akademie ihm mitteilte, «für die Synthese von Ammoniak aus dessen Elementen».

Der Stickstoff zwischen Landwirtschaft und Heeresleitung

Ammoniak (NH_3) ist ein farbloses, stechendes und giftiges Gas, das sich in Wasser löst und dank seines Stickstoffanteils auch erstickend wirkt. Es entsteht bei der Fäulnis stickstoffhaltiger Verbindungen wie Stallmist und lieg und Pflanzenzellen ausschließlich als Ammonium (NH_4 Dies ist das eigentliche Substrat der ammoniakumsetzende Stoffwechselreaktionen. Unermüdlich versuchten die Chemiker Ende des 19. Jahrhunderts, aus Stickstoff und Wasserstoff Ammoniak herzustellen. Vergeblich.

Ammoniak besteht aus einem Atom Stickstoff und drei Atomen Wasserstoff. Dies wusste man seit 1784 dank des Franzosen Claude Louis Berthollet. Während sich aber Wasserstoff und Sauerstoff ohne weiteres verbinden ließen, scheiterte die Ammoniaksynthese stets. In der Chemie versteht man unter Synthese ein Verfahren, bei dem aus bestimmten Elementen eine Verbindung oder aus einfacher gebauten Verbindungen ein komplizierter zusammengebauter Stoff hergestellt wird. Gegen sämtliche Versuche, ihn mit anderen Stoffen zu verbinden, leistete der Stickstoff hartnäckigen Widerstand. Bei allen Experimenten untermauerte er seinen Ruf als träges Element.

Die Bindung des Stickstoffs aus der Luft sei eine der großen Entdeckungen, «die auf die Genialität der Chemiker warten», erklärte 1898 der Chemiker William Crookes, ein Anhänger der Theosophie, pathetisch in seiner berühmten Rede vor der *British Association for the Advancement of Science*. Dann fügte er seine heute noch vielzitierten Worte über den Zusammenhang von Stickstoff und Ernährung hinzu: «Es sind die Chemiker, die der bedrohten Gesellschaft zu Hilfe kommen müssen. Durch das Labor kann der Hunger letztlich in Überfluss gewandelt werden.»

Stickstoff als Lebensretter vor kommenden Hungersnöten, all dies klang schon damals nur nach Halbwahrheit. Selbst der spätere Chemie-Nobelpreisträger Wilhelm Ostwald (1853–1932) vertrat da eine nüchterne Position. Völlig zu Recht charakterisierte er die wahre Bedeutung dieses trägen

Elements als eine zwischen Leben und Tod, zwischen Landwirtschaft und Heeresleitung.

«Nun ist die Bedeutung des gebundenen Stickstoffes eine besonders hohe für Krieg und Frieden», schrieb Ostwald 1903 in seinem grundlegenden Aufsatz *Der Stickstoff, eine Lebensfrage*. «Ohne Salpeter ist heute das beste Heer nahezu wehrlos. Wenn heute ein Krieg zwischen zwei großen Mächten ausbräche, von denen eine in der Lage wäre, die Ausfuhr des Salpeters aus den wenigen Häfen Chiles zu verhindern, so würde sie dadurch ihren Gegner nahezu kampfunfähig machen. Der Landwirtschaft ist es nicht wichtig, ob sie den Stickstoff aus Ammoniak oder als Salpeter bekommt. Aber mit Ammoniak kann man kein Schießpulver machen, dazu ist Salpeter erforderlich.»

Dringend müsse man daher untersuchen, so Ostwald, ob man aus Ammoniak Salpeter machen könne: «Die politische Gefahr, die in der Verhinderung der Salpeterausfuhr aus Chile für Deutschland zu liegen scheint, veranlasst mich zu versuchen, einen Weg zu finden, um uns in dieser Hinsicht unabhängig zu machen.»

Salpeter ist ein populärer Ausdruck für diverse anorganische, hauptsächlich als Düngemittel verwendete Nitrate wie etwa Ammoniumnitrat (NH_4NO_3) oder Kaliumnitrat (KNO_3). Als Nitrat (NO_3^-) oder Nitrate werden alle wasserlöslichen Salze der Salpetersäure bezeichnet. Salpeter ist auch wichtiger Bestandteil des klassischen Schwarzpulvers. Eingesetzt wurde dieses Gemisch aus 75 Prozent Salpeter (Kaliumnitrat), 15 Prozent Kohle und 10 Prozent Schwefel von den Chinesen schon im 12. Jahrhundert. Und so ging mit dem ersten Einsatz von Feuerwaffen auch die Jagd nach dem Stickstoff im Salpeter einher: Die Stadt Venedig etwa sicherte sich zügig das Monopol für die Einfuhr des «chinesischen Schnees».

Wie besessen die Suche nach neuen Salpeterquellen war, beweist eine Praxis im 15. Jahrhundert in einer Stadt wie Frankfurt: Mühsam gewonnen wurde Salpeter aus «Adensteyn», aus «abgekratztem Jauchenstein». Ablagerungen auf Pflanzen, an Mauern oder in Ställen, entstanden durch Urin, wurden gesammelt und durch Auslaugen und Eindampfen gereinigt. Das Abkratzen der Wände war Chefsache, die regionalen Herrscher autorisierten dafür Spezialisten. Dies wiederum führte zu reichlich Unmut, durften doch ständig irgendwelche Fremde in Häusern oder Ställen nach Salpeter suchen. Im 16. Jahrhundert entstanden dann sogenannte Salpeterplantagen: Gruben mit kalkhaltiger Erde, Asche, Stroh und Abfällen aller Art wurden mit Urin begossen. Mit der Entdeckung neuer Explosivstoffe trat die Bedeutung des Schwarzpulvers in den Hintergrund, Schießbaumwolle etwa, Zellulosenitrat, ließ sich bestens für militärische Zwecke nutzen.

Aber selbst für Sprengstoff, zumeist eine Mischung chemischer Stoffe, die unter bestimmten Bedingungen sehr schnell reagieren und dabei eine größere Menge an Energie in Form einer Druckwelle freisetzen, ist neben Elementen wie Kohlen-, Wasser- und Sauerstoff vor allem Stickstoff essentiell. Auch die explosiven Erfindungen Alfred Nobels (1833–1896), basierend auf Nitroglycerin und Dynamit, heizten die Nachfrage nach Salpeter weiter an.

Irgendwann wurde es zur Gewohnheit, Natriumnitrat, bei dem Stickstoff eine Allianz mit Natrium und Sauerstoff eingeht, Chilesalpeter zu nennen. Nur an wenigen Stellen auf der Welt lässt sich dieser Salpeter bergmännisch abbauen: Im Wasser lösen sich die Salze der Salpetersäure sehr schnell, und bei Regen etwa zerstäuben sie im Boden oder gelangen in Flüsse oder Seen. Um 1860 herum wurden in der seinerzeit zu Bolivien gehörenden Wüste Atacama, einer der trockensten Regionen überhaupt, umfangreiche Vorkommen dieses wertvollen Rohstoffs gefunden; prompt kam es zwischen 1879 und 1884 zum blutigen *Guerra del Pacífico*, zum Pazifischen Krieg zwischen Chile und den verbündeten Staaten Bolivien und Peru. Nach fünf Jahren und 14000 Toten siegten die Chilenen in diesem Salpeterkrieg. Sofort begannen britische und deutsche Unternehmen dort mit dem Abbau der Vorkommen.

Viele Beteiligte ahnten zu Beginn des 20. Jahrhunderts, dass es demnächst zu einem Krieg kommen würde. Uneingeschränkt teilten die Militärstrategen des Deutschen Reiches die von Wilhelm Ostwald geäußerten Bedenken hinsichtlich eines unsicheren Zugriffs auf den Chilesalpeter. Die Engländer kontrollierten dank ihrer Hegemonie auf den Weltmeeren die chilenischen Häfen, in denen Salpeter verschifft wurde. Der geschäftstüchtige Ostwald, in Riga geboren und später an der Universität Leipzig lehrend, versuchte daher selbst, den Ammoniakstein des Weisen zu stemmen.

Seit 1898 beschäftigte sich Ostwald mit der Erforschung katalytischer Vorgänge, dafür erhielt er 1909 den Nobelpreis; Ostwald bemerkte schnell, dass der träge Stickstoff nur mittels der Katalyse auf Trab gebracht werden konnte. Unter Katalyse versteht man das Ingangsetzen oder Beschleunigen eines chemischen Vorgangs durch die Gegenwart eines in der Regel reaktionsfremden Körpers. Der Chemiker versuchte es mit Eisen und bot sein Verfahren der 1865 in Mannheim als Aktiengesellschaft gegründeten Badischen Anilin- & Soda-Fabrik (BASF) an, eine bis zur Jahrhundertwende reine Farbenfabrik. Ostwald wusste um die Bedeutung seiner Methode in kommenden Kriegszeiten; ohne mit der Wimper zu zucken, verlangte er von den BASF-Bossen 300000 Reichsmark. Ein gerade in die Firma eingetretener sechsundzwanzigjähriger Doktorand der Chemie machte ihm aber einen gewaltigen Strich durch die schon geschriebene Rechnung.

Schnell fand der ehrgeizige Carl Bosch (1874–1940) heraus, dass Ostwalds Verfahren keine große Kunst darstellte: Bosch selbst nutzte ein nitridhaltiges Eisen als Katalysator. Einem solchen Eisen fügte man Wasserstoff hinzu und schon erhielt man Ammoniak. An Ostwalds Ideen kam trotzdem niemand so schnell vorbei, sind doch für eine erfolgreiche Ammoniaksynthese ein Katalysator, hoher Druck sowie eine entsprechend ansehnliche Temperatur vonnöten.

Die Stickstoffsynthese nach dem Haber-Bosch-Verfahren

Irgendwann begann sich auch ein außerordentlicher Professor für Physikalische Chemie und Elektrochemie an der Technischen Hochschule in Karlsruhe für die Stickstoff-Katalysator-Thematik zu interessieren. Schon damals eilte Fritz Haber der Ruf eines brillanten Theoretikers und Experimentators voraus. Angetrieben von Neugierde, Ehrgeiz und Konkurrenzdenken, beschäftigte er sich mit der Ammoniaksynthese. Schon 1907 hatte die BASF eine Versuchsanlage errichten lassen. Bosch wurde als Betriebsleiter eingestellt; unterstützt wurde er von Alwin Mittasch (1869–1953), einem brillanten Schüler Ostwalds. Im selben Jahr publizierte Haber seine erste Abhandlung zur Ammoniakfrage. Prompt ersuchten die BASF-Chefs um seine Mitarbeit. Erstmals etablierte der gewitzte Chemiker bei diesen Verhandlungen seinen Ruf als geschickter Geschäftsmann.

«Herr Haber ist ein rühriger Mann», charakterisierte das BASF-Aufsichtsratsmitglied Carl Engler die Situation. «Da er sich seines Wertes nicht unbewusst ist und gemäß der Schule Ostwald auch gerne etwas verdienen möchte, ist er natürlich nicht ganz billig.» Basierend auf einem im Vorjahr angemeldeten Patent folgte 1908 der Abschluss eines Vertrages zwischen Haber und der BASF. Es müsse die Möglichkeit geben, so sein Gedankengang, den Stickstoff der Luft in eine reaktionsfähige Verbindung zu überführen, in der aus je einem Molekül Stickstoff und drei Molekülen Wasserstoff sich zwei Moleküle Ammoniak bilden. Dies beschreibt die Gleichung

$$N_2 + 3\ H_2 <==> 2\ NH_3.$$

Als Erstes fanden Haber und sein junger englischer Mitarbeiter Robert Le Rossignol heraus, dass die optimale Produktion von Ammoniak eine Temperatur von 637 Grad Celsius sowie einen um 200-mal höheren Luftdruck als den auf Meeresspiegelhöhe benötigte. Niemand hatte bis dato solche Bedingungen in einem Labor reproduziert. Als Haber zu den BASF-Leuten sagte, er benötigte Apparaturen, die 100 Atmosphären aushielten, gerieten diese in Panik:

«Hundert Atmosphären! Erst gestern ist uns ein Autoklav mit nur sieben Atmosphären in die Luft geflogen.»

«Ich kenne die Leistungsfähigkeit unserer Stahlindustrie genau. Man sollte es riskieren», konterte Bosch.

Aber selbst diese extremen Bedingungen reichten nicht aus, um sonderlich viel Ammoniak herzustellen; benötigt wurde ein neuer Katalysator, in diesem Fall ein Metall, auf dessen Oberfläche sich der Wasserstoff mit dem Stickstoff schnell vereinigt. So könnte die Reaktionstemperatur gesenkt sowie die Ausbeute erhöht werden. Permanent experimentierten Haber und seine Mitarbeiter mit Eisen, Mangan, Nickel und anderen Metallen, bis sie im März 1909 auf das platinähnliche Edelmetall Osmium stießen. Osmium gilt als das seltenste Edelmetall überhaupt und ist entsprechend teuer. In pulverisierter Form entpuppte Osmium sich als perfekter Katalysator.

Zuvor, am 12. Oktober 1908, hatte Haber jenes Patent zur sogenannten *Hochdruckzirkulation mit Wärmeregenerierung* angemeldet, auf dessen Grundlage die industrielle Herstellung von Ammoniak bis heute beruht.

Daraufhin machte sich Le Rossignol daran, Dichtungsvorrichtungen für die Versuchsapparaturen herzustellen, ohne die der benötigte Druck nicht hätte aufrechterhalten werden können. Ende März 1909 notierten Haber und Le Rossignol während eines Experiments eine Ausbeute von 10 Prozent Ammoniak bei einem Druck von 200 Atmosphären.

Die BASF sicherte sich daraufhin die Hälfte der Weltvorräte an Osmium.

Am 1. Juli 1909 sollte die neue Methode vor den BASF-Bossen demonstriert werden. Nichts klappte, Bosch reiste enttäuscht ab. Aber am nächsten Tag, nur noch Mittasch und ein BASF-Werksmeister waren als Zeugen anwesend, triumphierten Haber und Le Rossignol: Auf einmal funktionierte ihre Apparatur, pro Minute spuckte sie 70 Tropfen Ammoniak aus. Sofort erhielten Bosch und Mittasch außergewöhnliche Vollmachten, um Habers Verfahren zur technischen Reife zu entwickeln. Bemerkenswert, dass dieser erst 1913 einen Bericht über seine brisante Innovation publizieren durfte. Die Ammoniaksynthese war geheime Kommandosache, das Deutsche Reich samt Wirtschaft könnte so schon in naher Zukunft unabhängig vom Chilesalpeter werden. Angetrieben von seiner patriotischen Chemie, führte Mittasch mit seinen Mitarbeitern über 10 000 Experimente durch. Getestet wurden mehr als 4000 Katalysatoren. Irgendwann machte sich die Hartnäckigkeit bezahlt. Es existierte wirklich ein Stoff, der wesentlich preisgünstiger als Osmium war. Mittasch nahm Eisen und mischte diesem geringe Mengen an Aluminiumoxid und Kaliumoxid bei.

Nach zweijähriger Bauphase nahm am 9. September 1913

die erste Fabrikationsanlage im Norden Ludwigshafens, in Oppau, ihren Betrieb auf. Die acht Meter hohen Öfen mit einem zuerst 30 Zentimeter, später einen Meter großen Durchmesser produzierten täglich 20 Tonnen Ammoniak. Nach einem mit der BASF 1908 ausgehandelten Vertrag kassierte Haber pro Kilogramm erzeugten Ammoniaks anderthalb Pfennig. Insgesamt überwies die BASF Haber viele Millionen Reichsmark.

Wie keine andere Innovation trieb die industrielle Herstellung von Ammoniak aus den Elementen Stickstoff und Wasserstoff die Industrie an. Dieses Verfahren, so Lutz Haber, Sohn von Fritz aus dessen zweiter Ehe, sei in der wirtschaftlichen Bedeutung vergleichbar mit der Verwendung von Erdöl und Erdgas zur Herstellung chemischer Erzeugnisse im Europa der fünfziger und sechziger Jahre gewesen: «Der Bau riesiger Anlagen, die konstruiert wurden, um ständig große Volumina bei hohen Temperaturen und hohen Drucken zu handhaben, verlangte den Werksingenieuren neue Betriebstechniken ab und trug so zur raschen Entwicklung der Ingenieurwissenschaften sowie zur Verbesserung der Stahlarten, neuer Ventilkonstruktionen und Maschinen zur Gaskompression bei», schreibt Lutz Haber in seinem Buch *The Chemical Industry, 1900–1930* (1971).

So gesehen war es nur konsequent, dass nach Ostwald und Haber auch Carl Bosch irgendwann eine positive Nachricht von der Königlich Schwedischen Akademie der Wissenschaften erhielt. Merkwürdigerweise wurde Alwin Mittasch nicht gewürdigt, hatte dieser doch im Grunde genommen dank seiner unermüdlichen Suche nach dem richtigen Katalysator für den entscheidenden Durchbruch gesorgt. Bosch hingegen nahm eher die Rolle eines Werksleiters ein, der das Projekt in all seinen wirtschaftlichen und technischen Aspekten vorantrieb. Korrekterweise müsste das Verfahren in Anerkennung der an ihm beteiligten Personen «Haber-Le Rossignol-Bosch-Mittasch-Verfahren» heißen, aber welcher hilfreiche Assistent ist in Wissenschaft und Technik jemals schon adäquat gewürdigt worden?

Bemerkenswerterweise musste Bosch bis 1931 auf den Nobelpreis warten. Selbst in der Wissenschaft heilen Wunden manchmal erst nach einer gewissen Zeit. Ein Grund für die späte Ehrung war der Umstand, dass seine Oppauer Fabrik am 21. September 1921 in die Luft flog. Bei einer Explosion verbindet sich etwa der schwach gebundene Sauerstoff im Natriumnitrat mit dem Kohlenstoff zu CO oder CO_2 und mit dem Wasserstoff zu Wasserdampf; je effektiver die Umsetzung, desto größer die freigesetzten Energiemengen. Der das Leben nicht unterhaltende Stickstoff lässt sich dann nicht mehr bändigen. Die Oppauer Explosion tötete 561 Menschen und verletzte über 2000 Arbeiter. Der Amoklauf von *noxious* zerstörte die Wohnhäuser der Stadt, 7000 Menschen wurden obdachlos. Zu hören war der Knall bis in das 80 Kilometer entfernte Frankfurt.

Schädlingsbekämpfung und Düngung mit Explosivstoffen

Zur Zeit des Oppauer Desasters hatte Fritz Haber nichts mehr mit Bosch zu tun. Dafür kontrollierte er die Kontoauszüge bezüglich seiner Tantiemen, manchmal kam es noch zu Scharmützeln um die Anerkennung seiner Patente. Bevor Haber sich ganz dem Senfgas widmete, trat er nur noch einmal in Ammoniak-Aktion, 1914, als er zum Leiter der Chemieabteilung einer Kriegsrohstoffbehörde ernannt wurde. Die für den Krieg benötigten Rohstoffe reichten für ein halbes Jahr. Zusammen mit Hermann Emil Fischer (1852–1919), Chemie-Nobelpreisträger des Jahres 1902, sollte es der Hauptmann wieder einmal richten. Um überhaupt einmal etwas in den Händen zu haben, beschlagnahmte Habers Behörde 20 000 Tonnen Chilesalpeter im Hafen von Antwerpen.

Diese Menge reichte aber nur für ein paar Monate zur Befriedigung deutscher Sprengstoffbedürfnisse aus. Dass mit der Größe der Kriege der Munitionsverbrauch überproportional ansteigt, war eine Milchmädchenrechnung: Während im spanischen Erbfolgekrieg zwischen 1701 bis 1714 täglich fünf Tonnen Salpeter verschossen wurden, benötigten die Militärs der Napoleonischen Kriege um 1800 schon 30 Tonnen täglich. 1917, am Ende des Ersten Weltkriegs also, sollte der tägliche Munitionsverbrauch auf beiden Seiten 5000 Tonnen Salpeter entsprechen.

Seinerzeit existierten diverse Verfahren zur Herstellung von Natriumnitrat aus Ammoniak, alle waren sie sehr energieaufwendig. Die Ausnahme stellte eine Methode dar, die Wilhelm Ostwald um die Jahrhundertwende entwickelt hatte: Mit dem extravagant sündhaft teuren Platin als Katalysator ließ sich dank Oxidation von Ammoniak Salpetersäure herstellen. Die Bergwerksgesellschaft Lothringen baute sogar in Bochum ein Werk, das ab 1906 nach diesem Verfahren Natriumnitrat herstellte. Bis zum Ausbruch des Krieges sollte dies die einzige derartige Anlage im Deutschen Reich bleiben. Als im Herbst 1914 bekannt wurde, dass zur Befriedigung der deutschen Munitionsanforderungen 20 000 Tonnen Salpeter pro Monat benötigt wurden, gab Carl Bosch dem Kriegsministerium sein berühmtes Salpeterversprechen ab: Innerhalb von sechs Monaten würde eine BASF-Anlage stehen, die monatlich 5000 Tonnen Natriumnitrat ausspuckt. Und sie stand. Bosch und Mittasch fanden mit Eisenoxid auch einen wesentlich preisgünstigeren Katalysator als Platin. Während sich Haber vollends dem Giftgaskrieg verschrieb, rüstete Bosch die Produktionsstätte in Oppau auf optimale Kriegsproduktion um. Dies bekam der Feind schnell mit und attackierte die Fabriken immer wieder mit seinen Fliegern.

So entschloss man sich zur Errichtung einer Großanlage im mitteldeutschen Leuna, einem Dorf in der Nähe Merseburgs. Im Mai 1916 erfolgte der erste Spatenstich: «Der Bau dieses Werkes war das erste Beispiel militanter Industrieschöpfung innerhalb kürzester Frist», charakterisierte bewundernd ein intimer Freund der chemischen Industrie, Walter Greiling, die Szenerie; sein Buch trägt den exemplarischen Titel *Chemie erobert die Welt* (1950).

Noch im Frühjahr 1916 dominierten drei unscheinbare Dörfchen, eine Windmühle, Weizenfelder, Gurkenbeete und Kartoffeläcker die weite, ebene Landschaft südöstlich von Halle. Dann stiegen einige Männer von ihren klapprigen Fahrrädern ab, um mit großen Spaten die Erde aufzuwühlen. Kurze Zeit später machten Tausende die drei Dörfer dem Erdboden gleich. Die Felder trampelte man nieder. «Den Arbeitern, die alle im Freien arbeiten», lobte Augenzeuge Greiling später, «klebt der Lehm ebenso an den Füßen wie den Soldaten in den Schützengräben von Flandern.» Im Winter froren die Arbeiter trotz glühender Kokskörbchen wie die Soldaten an der Front. Als der erste Kessel in Betrieb ging, gab es nicht einmal ein Dach auf der Werkshalle. Unvorstellbar, aber das erste Natriumnitrat wurde schon am 27. April 1917 produziert. In dieser Zeit nahm Haber ein weiteres ehrgeiziges Ziel ins Wissenschaftsvisier: die Landwirtschaft.

Nicht die Tötung französischer Soldaten, sondern die Vernichtung deutscher Korn- und Kartoffelkäfer stand nun im Mittelpunkt. Giftgas-Spezialist, der er war, lag es für Haber irgendwie auf der Hand, sich intensiv mit dem Pflanzenschutz zu beschäftigen. 1917 wurde ein Ausschuss für Schädlingsbekämpfung mit ihm als Vorsitzenden gegründet. Das erklärte Ziel hieß, «durch Anwendung hochgiftiger Stoffe bei der Schädlingsbekämpfung die hohen Werte zu erhalten, die bisher in der Land- und Forstwirtschaft und im Wein-, Obst- und Gartenbau» Standard waren.

Haber ließ als Erstes Getreidespeicher mit hochgiftigem Cyanwasserstoff (HCN), bekannter als Blausäure, begasen. So verschaffte er nach Kriegsende seinen hochtrainierten, aber arbeitslosen Mitstreitern aus den Schützengräben neue Jobs: Die ehemaligen Mitglieder der Desinfektionskompanie durften sich jetzt ungehindert auf deutschen Äckern austoben. Sie alleine besaßen die Lizenz zum Desinfizieren. Als etwa die Debatte aufkam, man möge doch bei der Begasung der Natur die Expertise von Insektenkundlern hinzuziehen, bügelte Haber alle Einwände ab. Schließlich seien Giftgaseinsätze in der freien Natur eine ursprüngliche landwirtschaftliche Betätigung, vergleichbar etwa mit der «Bedienung eines Geschützes durch eine Mannschaft».

Fotografien bezeugen, wie Habers hochmotivierte Agrar-Truppen, dick vermummt und mit Atemschutzgeräten im Gesicht, auf dem Boden kniend, Bottiche oder Büchsen öffnen. So sah die Mühlendurchgasung mit Blausäure aus, ähnlich wurde der Kornkäfer im Feld bekämpft. Dafür bekamen die Raupen Hexachlorethen serviert. Gerne marschierten die Desinfektionskompanien durch pfälzische Weinbaugebiete, um den dortigen Heu- und Sauerwurmpopulationen den Garaus zu machen. Der unermüdliche Initiator des allumfassenden Krieges mit den Mitteln der Chemie wurde sogar zum Reichskommissar für Schädlingsbekämpfung befördert, konfrontriert mit ungewöhnlichen Aufgaben: Während die Roten Garden im November 1918 in Berlin für kurze Zeit die Oberhand erlangten, besetzten sie auch das Reichstagsgebäude und ließen dort männliche wie weibliche Obdachlose und geflohene Strafgefangene unterbringen. Als der Spuk vorbei war, erhielt Haber die Anfrage, ob er nicht das Reichstagsgebäude mit Blausäure durchgasen könne. Zu teuer, befand der Experte.

Aktivitäten dieser Art stimulierten Haber. Er sah die Marktlücke und sammelte bei der Industrie eine Million Reichsmark, um die Gründung der «Deutschen Gesellschaft für Schädlingsbekämpfung (Degesch) mbH» zu initiieren. Auch den Mitarbeitern seines Berliner Instituts bereitete die Umstellung auf tödliche Gemische für Wurm und Käfer offensichtlich jede Menge Spaß. Haber selbst war davon besessen, Lost gegen Kartoffelkäfer und Schaben einzusetzen. Prompt ließ er eine Senfgassalbe herstellen. Die damit bestrichenen Tiere zeigten sich nicht sehr beeindruckt.

Als Haber bemerkte, dass Insekten keine Schleimhäute besitzen, produzierte er Bomben mit Arsenpräparaten zur Ausrottung des Kiefernspinners. Diese Bomben wurden äußerst heiß, so brannten die Bäume gleich mit. Wieder kam ihm eine seiner typisch avantgardistischen Ideen: Das Arsen sollte von Flugzeugen aus auf die Kiefernspinner abgeworfen werden. Das ging selbst seinen Mitarbeitern zu weit, das geflügelte Wort vom Spleen Habers machte die Runde. Als dieser mitbekam, dass die Amerikaner komplette Waldlandschaften mit Insektengiften aus der Luft bestreuten, holte er die Deutsche Aerolloyd mit an Bord; das Projekt war ein Erfolg, 1923 entstand sogar ein patriotischer Fliegerfilm mit dem Titel … *und der deutsche Wald gerettet wird.*

Ein besonders begabter Abteilungsleiter an Habers Berliner Institut mit Spezialgebiet Blausäure und Cyanid war Professor Ferdinand Flury. Mit Gasmaske und eingelegtem Filter entwickelte er das sogenannte Zyklonverfahren, wonach Blausäure mittels eines Trägers stabilisiert und mit einem Warn-

beziehungsweise Reizstoff kombiniert wird. So sollte bei der sogenannten Schädlingsbekämpfung die Gefahr für Mensch und Haustier herabgesetzt werden. Es funktionierte.

Nach Zyklon A entwickelte die Deutsche Gesellschaft für Schädlingsbekämpfung einen aus Blausäure und Chlorkohlensäuremethylester zusammengesetzten Stoff, bei dem Kieselgur als Träger verwendet wurde. Dieser Stoff wurde Zyklon B genannt.

Durch einen Vertrag mit der Degesch erhielt die Hamburger Firma Tesch & Stabenow die Lizenz für sämtliche Blausäuredurchgasungen im nord- und ostdeutschen Raum sowie in den baltischen Staaten. Im Jahr 1943 bekamen der Geschäftsführer der Degesch, Dr. Gerhard Friedrich Peters (1900–1974), sowie Dr. Bruno Tesch (1890–1946), dieser war inzwischen Alleininhaber seiner Firma, von der Schutzstaffel (SS) der Nationalsozialistischen Deutschen Arbeiterpartei (NSDAP) einen Auftrag in «Geheimer Reichssache». Beide sollten Zyklon B *ohne* Warnstoff an die Konzentrationslager Auschwitz und Oranienburg liefern. Mit dem Gas, so legte man Tesch und Peters dar, sollten Kriminelle, unheilbar Kranke sowie Geisteskranke getötet werden. Bei Verletzung der Geheimhaltungspflicht drohte die Todesstrafe.

In Wirklichkeit wurden sogenannte Geisteskranke, da diese nicht nach Auschwitz deportiert wurden, in Deutschland zumeist nicht mit Zyklon B, sondern mit Kohlenmonoxid ermordet. Während Tesch 1946 von den Alliierten gehängt wurde, kam Peters nach einem zweijährigen Gefängnisaufenthalt dank eines Wiederaufnahmeverfahrens mit einem Freispruch davon. Als «makaber tragisch» empfindet es der Chemiker Dietrich Stoltzenberg in seiner Biographie *Fritz Haber – Chemiker, Nobelpreisträger, Deutscher, Jude* (1998), dass die Herstellung von Zyklon ihren Ursprung in Habers Labor hatte, um dann in abgewandelter Form zur millionenfachen Tötung von Juden zur Anwendung zu kommen, darunter waren auch Verwandte des Nobelpreisträgers.

Nachdem am 30. Januar 1933 Adolf Hitler zum Reichskanzler ernannt wurde und die NSDAP am 5. März 1933 bei der Wahl zum 22. Deutschen Reichstag mit 43,9 Prozent die weitaus stärkste Partei wurde, nutzten Fritz Haber weder wissenschaftliche Meriten noch patriotische Glanztaten. Zielstrebig verwirklichten die Nationalsozialisten ihr Parteiprogramm: Danach waren Juden keine deutschen Staatsbürger, sie konnten folglich auch keine Beamten im öffentlichen Dienst sein. Nur einmal, im Mai 1933, traf sich der Physik-Nobelpreisträger Max Planck als Präsident der Kaiser-Wilhelm-Gesellschaft zur Förderung der Wissenschaften mit Adolf Hitler und verwies während des Gespräches auf die vaterländischen Verdienste Habers. Um Haber in Deutschland zu halten, so Plancks Argumentation, müsse dieser mit seinen jüdischen Mitarbeitern weiter experimentieren dürfen. Auf dieses Ansinnen reagierte Hitler mit einem Wutausbruch. Schweigend soll Planck den Raum verlassen haben.

Haber selbst versuchte noch, sich schützend vor die jüdischen Mitarbeiter seines Instituts zu stellen, flüchtete dann aber nach Cambridge in England. Freundschaftlich empfing ihn im November 1933 der Chemieprofessor William Pope, einst sein Widersacher im Krieg. Eine Zeitlang arbeitete der Deutsche an Popes Institut, aber das wissenschaftliche Personal, zumeist ehemalige Soldaten in den Schützengräben, hasste den Flüchtling. Haber, krank und deprimiert, reiste in die Schweiz. Dort erlitt er einen Herzinfarkt und verstarb am 29. Januar 1934 in Basel.

Die Kunstdüngerbombe

Die Stickstoffsynthese sei eine wichtige Entdeckung gewesen, charakterisierte Max Perutz, ein weiterer Chemie-Nobelpreisträger, die Leistungen Habers, aber diese Entdeckung verlangte kein einzigartiges Genie: «Jede x-beliebige Anzahl talentierter Chemiker hätte dieselbe Arbeit binnen kurzem tun können und auch zweifelsohne getan.»

Es sei jedoch eine, so Perutz, grausame Ironie des Schicksals, dass Habers scheinbar wohltätigste Erfindung, die Synthese von Ammoniak, die Welt unermesslich schädigte. Ohne diese Synthese wäre Deutschland schnell der Sprengstoff ausgegangen, nachdem der lang geplante Blitzkrieg gegen Frankreich fehlschlug. «Der Erste Weltkrieg», gibt Perutz zu bedenken, «wäre zu einem frühen Ende gekommen, und Millionen junger Männer wären nicht geschlachtet worden. Unter diesen Umständen wäre Lenin niemals nach Russland gegangen, Hitler nicht an die Macht gekommen, der Holocaust niemals geschehen, und die europäischen Zivilisationen von Gibraltar bis zum Ural wären verschont geblieben.»

Perutz hat recht: Es existiert wohl keine andere Erfindung der chemischen Industrie, die derart geschichtsträchtig war. Und noch ist, denn die Landwirtschaft und ihre Böden leiden unter dem Explosivstoff Stickstoff, mit dem sie nun seit Jahrzehnten traktiert werden.

Im Jahre 1915 produzierte die BASF 24000 Tonnen Stickstoff, 1917 waren es schon 105000 Tonnen. Als der Krieg zu Ende war, mussten die Kapazitäten ausgelastet werden. Haber, Bosch, Mittasch und Freunde taten das aus ihrer Sicht Naheliegende: Sie erzählten den Landwirten, die Nutzflächen benötigten dringend jede Menge ihres Feuerwerks. Es erforderte einige wenige Investitionen, und die Ammoniakwerke in Oppau und Leuna konnten massenhaft Düngemittel herstellen. 1925 wurden 350000 Tonnen gebundener Stickstoff produziert, 1928 gar 640000 Tonnen.

Ursprünglich wurde das so hergestellte Endprodukt Kunstdünger genannt, aber viele Landwirte beargwöhnten diesen Ausdruck derart, dass die Firmen schnell die Bezeichnung Handelsdünger einführten. Misstrauen rief natürlich auch das gewaltige Explosionsunglück im September 1921 in Oppau hervor: Die Stoffe, die dort produziert wurden, konnten nicht so harmlos sein, wie es die Chemiker immer darstellten. Wurde da etwa Sprengstoff als Dünger verkauft?

Nach der Explosion begann die BASF eine Zeitlang, den Landwirten statt Ammoniumnitrat das nicht ganz so explosive Ammoniumsulfat zu verkaufen. Dieses entsteht, wenn Ammoniak mit achtzigprozentiger Schwefelsäure vermischt wird.

Mit den Toten von Oppau endet der Stickstoff-Desaster-Report aber nicht: Am 16. April 1947 hatten Arbeiter im Hafen von Texas City schon 2600 Tonnen Dünger in Säcken auf das Frachtschiff Grandcamp geschleppt, als Feuer ausbrach. Der Kapitän ließ die Frachträume absperren. Eine Stunde später explodierte das Schiff. Statt Hafenanlagen existierte nur noch ein riesiges, verschlammtes Salzwasserloch. Die umherfliegenden Stahlteile zerstörten die Flügel von in der Nähe herumfliegenden Flugzeugen. Offiziell starben 581 Menschen, über 5000 wurden verletzt. Seismologen in Colorado interpretierten die Druckwelle als Atombombenexplosion.

Auch im 21. Jahrhundert tötet das Explosive im Dünger nicht nur Regenwürmer in den Böden: Am 21. September 2001 erhitzten sich in einer Düngemittelfabrik im französischen Toulouse diverse Materialien der einschlägigen Produktpalette derart, dass nach deren Explosion die Fabrikhalle in die Luft gepustet wurde. Lastkraftwagen flogen durch die Gegend, übrig blieb ein riesiger Krater. 31 Menschen wurden getötet, weit über 2000 verletzt. Nach dem gleichen Muster detonierte im April 2013 die West Fertilizer Company im US-Bundesstaat Texas: 15 Tote, 160 Verletzte und fast 200 zerstörte oder beschädigte Gebäude.

Die tödliche Wirkung des Kunstdüngers zeigte Wirkung: Massenmörder, Terroristen und andere Kriminelle begannen, sich für das Haber'sche Vermächtnis zu interessieren.

Am 30. September 1994 ging der Golfkriegsveteran Timothy McVeigh in der Kleinstadt McPherson im Bundesstaat Kansas in ein Geschäft der Kette *The Mid-Kansas Coop*, um dort 40 Säcke Kunstdünger zu je 23 Kilogramm zu erwerben. Alles in allem kann mit dieser Menge eine Kornfläche von knapp zwei Hektar gedüngt werden. Der Sympathisant der einheimischen Militia-Bewegung bezahlte die Ware bar. Gegenüber der Polizei erinnerte sich der Verkäufer später an die Merkwürdigkeit, dass McVeigh den ihm zustehenden Mengenrabatt verschmähte.

Wird eine gehörige Portion Energie benötigt, um die Bindung zwischen den beiden Stickstoffatomen aufzubrechen, dann gilt natürlich auch der Umkehrschluss: Eine immense Menge an Energie wird freigesetzt, wenn zwei Stickstoffatome zusammenkommen und eine Bindung eingehen. Dabei gehen die Stickstoffatome im Nitrat oder im Ammonium von einem sogenannten hochenergetischen, aber unstabilen zu einem sehr stabilen, niedrigenergetischen Zustand über. Zügig, wenn nicht gar explosionsartig wird dabei der Überschuss an Energie freigesetzt. Nitrat alleine reicht für den Bau einer solchen Kunstdüngerbombe aber nicht aus.

Vergleichbar ist das Nitrat mit einem Motor. Ein Motor benötigt Brennstoff, eine Bombe benötigt zusätzlich noch einen

Zünder. Dieser muss ausreichend Energie für eine Detonationswelle erzeugen. Die Welle bewirkt, dass die Nitratmoleküle des Kunstdüngers auseinanderbrechen. Dabei entstehen immense Mengen an Sauerstoff. Kommt dieser mit der Energie der Detonationswelle in Kontakt, zündet der flüssige Brennstoff. Dabei entstehen noch mehr Gas sowie eine ungeheure Druckwelle. Diese pflanzt sich mit Schallgeschwindigkeit fort.

Ursprünglich wollte der Rechtsradikale einen Raketentreibstoff verwenden. Diese Idee erwies sich als zu teuer. Daraufhin mimte McVeigh den Teilnehmer an einem Motorradrennen und kaufte drei 210-Liter-Behälter Nitromethan. Dieser Treibstoffzusatz kommt beim Beschleunigungsrennen *(Drag Racing)* zum Einsatz. Der Rest war ein Kinderspiel: Auch die Berechnung des exakten Verhältnisses zwischen Dünger und Treibstoff, eine für das Funktionieren der Bombe entscheidende Voraussetzung, bereitete ihm keine Schwierigkeiten. Aus alles in allem 2,300 Kilogramm Stickstoffdünger sowie hundert Litern Nitromethan fabrizierte er die Bombe. Diese platzierte McVeigh am 19. April 1995 in einem Lastkraftwagen vor dem Murrah Federal Building in Oklahoma City. 168 Menschen wurden getötet, über 800 verletzt. Später rühmte er die Erschwinglichkeit des Anschlags. Alles in allem, so prahlte McVeigh, hätte ihn die Vorbereitung nur 5000 Dollar gekostet.

Bevor die Irish Republican Army (IRA) Zugriff auf den Plastiksprengstoff Semtex hatte, nutzte sie Düngerbomben, unter anderem 1996 für Explosionen im Londoner Finanzdistrikt sowie in Manchester. Dünger war Hauptbestandteil des Anschlags von Bali im Jahr 2002 mit über 200 Toten. Auch Al-Qaida bediente sich bei Anschlägen in der Türkei und Saudi-Arabien des Dünger-Knowhows.

Kunstdünger repräsentiert eine echte Massenmordidee. Außerdem ist er überall leicht erhältlich. Man muss nur wie ein Landwirt aussehen.

Im Jahr 2009 gründete der Rechtsextremist Anders Breivik eine landwirtschaftliche Firma namens *Breivik Geofarm*, um Gemüse und Melonen zu züchten. In Wirklichkeit diente die Firma als Schutzschild zum Erwerb von Dünger. Bevor Breivik am 22. Juli 2011 auf der Insel Utøya 69 Teilnehmer eines Zeltlagers der Norwegischen Sozialdemokratischen Jugendorganisation erschoss, zündete er im Osloer Regierungsviertel eine Autobombe. Fabriziert wurde diese Bombe – sie tötete acht Menschen – nach gängigem Düngerrezept.

2. Glyphosat und die Zukunft des Pestizid-Systems

Pestizide, vom lateinischen *pestis* für Seuche und *cidus*, tötend, ist eine aus dem englischen Sprachgebrauch stammende Bezeichnung für chemische Schädlingsbekämpfungsmittel und Pflanzenschutzmittel. Es handelt sich um Stoffe, mit denen wir Menschen schädliche oder unerwünschte Mikroorganismen, Pflanzen oder Tiere töten oder ihr Keimen, Wachsen oder die Vermehrung verhindern wollen. Dabei ist eine wesentliche Frage, was «schädlich» oder «unerwünscht» überhaupt heißt.

Insekten etwa machen mehr als die Hälfte aller bekannten Arten aus. Während es ungefähr 52000 Arten von Wirbeltieren gibt, existieren eine Million Insektenspezies. Blutsaugende Insekten existieren ebenso wie solche, die bei Pflanzen den Pollen von einer auf die andere Blüte übertragen. In vielen Haushalten steht irgendwo ein Insektenspray herum, jeder Hausbesitzer mit einem Buchsbaum vor der Tür fürchtet inzwischen den Buchsbaumzünsler und der Kleingärtner die Schnecken.

In der Tat haben in der Landwirtschaft Insekten und Pilze Katastrophen verursacht. Man denke nur an die Reblaus, die ab 1863 beinahe die gesamte französische Weinlandschaft zerstörte, oder an die Kartoffelfäule Irlands. Da Parasiten am effektivsten den am häufigsten in einer Population vorkommenden Genotyp attackieren, stellt die Monokultur der modernen Landwirtschaft für Eindringlinge jeglicher Art ein gefundenes Fressen dar. Und so verwundert es nicht, dass bei Konversationen über chemische Schädlingsbekämpfung ein Sammelsurium an Begriffen im Raum herumschwirrt: Fungizide, Herbizide, Bakterizide, Akarizide, Nematizide, Molluskizide, Insektizide oder Rodentizide, und all diese Substanzen bewegen sich durch die Umwelt, um Leben zu vergiften.

In die Ökologiegeschichte sind die Jahre nach dem Zweiten Weltkrieg als Zeitalter der Pestizide eingegangen. Entwickelt wurden während des Krieges Insektizide, also Mittel zur Insektenbekämpfung; nach 1945 wurde dieses Knowhow kurzerhand auf die Landwirtschaft ausgedehnt. Weitläufig herrschte die Ansicht vor, großzügiges Spritzen chemischer Mittel beseitige sämtliche Schädlinge. Da Pestizidmoleküle sich im Verlauf ihrer Anwendung ständig ändern, so die Argumentation, seien sie für Menschen unschädlich.

Pestizide sind ein ideales Produkt: Sie versprechen das Paradies und besorgen Abhängigkeit, so wie Heroin, formulierte der Biologe Paul R. Ehrlich: «Und beide, die Heroin- und Pestizid-Hausierer, verfügen über nur ein Heilmittel für diese Abhängigkeit: Kaufe mehr und mehr von unseren Produkten, gleichgültig, was sie auch kosten.»

Ein gutes Beispiel hierfür sind chlorierte Kohlenwasserstoffe wie etwa Dichlordiphenyltrichlorethan, kurz DDT. Jahrzehntelang schon stand diese Chemikalie im Regal herum, bis der Schweizer Chemiker Hermann Müller in einem Labor des Chemieunternehmens J. R. Geigy deren Potenzial als Insektizid erkannte. DDT beeinträchtigt die Übertragung von Nervenimpulsen und war ursprünglich prädestiniert, während des Zweiten Weltkrieges malariaübertragende Stechmücken an der vordersten Front in Schach zu halten. Dies funktionierte sehr gut, und Müller erhielt 1948 den Nobelpreis für Medizin. Dann war der Krieg vorbei, der DDT-Markt in Afrika brach ein. Schnell wurde die US-Landwirtschaft als potenzieller Kunde ausgemacht. Dabei lautete die verkaufsfördernde Botschaft: Nur ein toter Käfer ist ein guter Käfer.

Für die Anwendung sprach, dass das Mittel nicht wasserlöslich ist. Warnende Stimmen, DDT könne sich aber im Fettgewebe von Tieren anreichern und so lange in der Nahrungskette verbleiben, wurden ignoriert.

Am 16. Juni 1962 publizierte der *New Yorker* unter dem Titel *Silent Spring* den ersten einer Serie von Artikeln der Meeresbiologin Rachel Carson. Ihr gleichnamiges, kurze Zeit darauf erschienenes Buch ist eine detaillierte Beweisführung über die Auswirkungen von Pestiziden. Bestens dokumentiert ist die Reaktion sowohl der chemischen Industrie als auch des US-Landwirtschaftsministeriums auf den *Stummen Frühling:* Schlichtweg inkompetent sei die Autorin, sie missachte jegliche wissenschaftliche Seriosität. In den USA musste DDT 1972 verboten werden. Verständlich, dass bis heute die Anfeindungen gegenüber Carson nicht verstummen: Als Google 2014 anlässlich ihres 50. Todestages auf die Bedeutung der Autorin verwies, konterte der Internet-Nachrichtendienst Breitbart News mit der Frage, ob Google auch Massenmörder wie Hitler, Stalin, Mao oder Pol Pot ehren würde. Breitbart bezeichnete Carson als «die größte weibliche Massenmörderin des 20. Jahrhunderts». Breitbarts Vorstandsvorsitzender war seinerzeit Stephen K. Bannon; dieser wurde bekanntlich Anfang 2017 vom 45. US-Präsidenten als *der* Top-Berater überhaupt verpflichtet. Zumindest für eine kurze Zeit.

Ganz allgemein hatte Carson in ihrem Buch, das der amerikanischen Umweltbewegung zu einem populären Schub verhalf, festgestellt, dass «die chemische Keule, als eine ebenso primitive Waffe wie die Keule der Höhlenmenschen, gegen das Gefüge des Lebens geschwungen wird». Natürlich wird die Keule weiterhin geschleudert: Der ursprüngliche DDT-Erfolg diente der chemischen Industrie als wirkungsvoller Katalysator, dem Geschwister, also ähnliche Chlorkohlenwasserstoffe, sowie Neuheiten wie Phosphorsäureester oder Carbamate folgten. All dies zementierte das Pestizidsystem, auch an den Universitäten. Schädlingsbekämpfung wird zumeist mit chemischer Kontrolle gleichgesetzt. Inzwischen wissen wir: Gegenüber Pestiziden sind Insekten besser präpariert als jemals zuvor.

Derzeit präsentiert sich die Gentechnologie als avantgardistisches Objekt molekularbiologischer Forschung, verbunden mit der vollen Überzeugung der beteiligten Wissenschaftler. So stellt die Möglichkeit, Gene oder Abschnitte von Genen von einem Organismus zum anderen zu übertragen, häufig über sehr weit entfernte Arten hinweg, eine vor allem in der Landwirtschaft weitverbreitete Technologie dar: Dabei geht es um Gene, die etwa im Mais oder der Tomate nicht vorkommen, also darum, Pflanzen mit einem Genom auszustatten, das mit herkömmlichen Züchtungsmethoden nicht zu erzielen ist. Man denke etwa an den sogenannten Bt-Mais: Eingeschleust wird diesem Mais ein Gen des Bakteriums *Bacillus thuringiensis*. Das Bakterium produziert diverse, für Insektenlarven tödliche Stoffe, darunter fallen auch Maisschädlinge. All dies reduziert Arbeit und Insektizideinsatz. Gleichzeitig muss der Landwirt mehr Geld für das patentierte Saatgut ausgeben. Es geht also auch um Kontrolle und Abhängigkeit der Farmer.

Ein Beispiel hierfür stellt die sogenannte *Gene Use Restriction Technology*, GURT, dar, bekannter als Terminator-Technologie. Hierbei wird Saatgut so verändert, dass die Sorten auskeimen, aber sterile Pflanzen produzieren. Landwirte müssen also jedes Jahr neues Saatgut kaufen. Dies müssen sie sowieso, aber bei den nachbaufähigen Sorten wie Weizen wäre mit der Terminator-Technologie das Kontrollsystem absolut wasserdicht. Entstanden ist dieser Geistesblitz dank einer Kooperation zwischen dem US-Landwirtschaftsministerium und Delta & Pine Land, später von Monsanto gekauft. Zur praktischen Anwendung ist das 1998 erteilte Patent bisher nicht gekommen, es handelt sich dabei, wie es der amerikanischen Populationsgenetiker R. C. Lewontin charakterisierte, «um einen reinen Schutz der Eigentumsrechte von Saatgutherstellern ohne jeglichen Nutzen für Landwirte oder Verbraucher».

Im Fokus der Entwicklung neuer Pestizide steht entweder die Bekämpfung eines konkreten Schädlings, der die Ernte einer wichtigen Nutzpflanze entscheidend bedroht, oder ein breites Spektrum abdeckendes Gift. Die Kreation solcher Mittel kostet Zeit und Geld. Getestet werden im Durchschnitt Hunderte, wenn nicht gar Tausende potenzieller Substanzen, elf Jahre benötigt inzwischen die Entwicklung eines neuen Pestizids. Die Kosten belaufen sich auf 250 Millionen Euro. Derartige Investitionen können sich nur wenige Firmen leisten: 80 Prozent des globalen Pflanzenschutzmittel-Umsatzes etwa wurde 2015 von BASF, Bayer CropScience, Syngenta, Monsanto, DuPont und Dow erwirtschaftet. Im September 2016 wurde bekannt, dass die Bayer AG für 66 Milliarden Dollar Monsanto übernehmen will.

Zum Heiligen Gral des Pestizid-Systems avancierte Glyphosat, eine geruchlose und wasserlösliche Phosphor-Stickstoff-Verbindung. Ursprünglich in der Schweiz entwickelt, erkannte die, wie sie sich selbst nennt, *sustainable agriculture company* Monsanto um 1970 herum die Bedeutung des Stoffes: Glyphosat eignet sich hervorragend als Breitbandherbizid, also Unkrautvernichtungsmittel.

Bekanntlich wachsen auf Äckern Wildpflanzen, die, wenn

nicht erwünscht, als Unkraut firmieren. Diese konkurrieren mit Nutzpflanzen um Wasser und Bodennährstoffe. Glyphosat nun verfügt über die Eigenschaft, in Pflanzen ein lebenswichtiges, an der Synthese von drei Aminosäuren beteiligtes Enzym zu hemmen. Ohne diese Aminosäuren bildet die Pflanze lebenswichtige Proteine, Vitamine und Abwehrstoffe nicht mehr aus. Sie stirbt ab. Angereichert wurde das von Monsanto auf der Basis von Glyphosat entwickelte Wundermittel Roundup zusätzlich noch mit diversen, teils toxischen Stoffen, damit es überhaupt an der Pflanze haften bleibt und zügig in diese eindringen kann. Durch den Saftfluss verteilt sich das Gift in alle lebenden Pflanzenteile, von der Wurzel bis zur Sprossspitze. Im Grunde ist Roundup auch kein Breitbandherbizid, sondern ein pflanzlicher Alleskiller. So kam es, wie es kommen musste: Das Mittel attackierte nicht nur Unkräuter, sondern auch die Soja- oder Maispflanzen.

Ursprünglich riet Monsanto den Landwirten, Roundup vor dem Anbau der Pflanzen auf die Felder zu spritzen. Die Unkräuter wuchsen trotzdem. Dieses Dilemma führte zur nächsten brillanten Idee der Agrartechnologen: Könnte man von Glyphosat nicht angreifbare Nutzpflanzen herstellen, dann ließe sich das Herbizid jederzeit auf die Felder ausbringen. So würde auch der Roundup-Umsatz gesteigert werden, selbst dann, wenn das Monsanto-Patent ausgelaufen ist. Gedacht, getan. Mit Hilfe der Gentechnologie entwickelte Monsanto exakt diesem Anforderungsprofil entsprechende Pflanzen.

Inzwischen existieren sowohl beim Mais als auch bei Soja und Baumwolle Glyphosat-resistente Arten. Getauft wurden diese auf sexy klingende Namen wie etwa Roundup-Ready-Soja. Einem überwiegenden Anteil der in den USA angebauten Baumwoll- und Sojabohnenpflanzen ist ein Gen eingeführt, das das Enzym verändert, auf das das Herbizid normalerweise wirkt. Erfüllt haben sich somit die Hoffnungen aller Monsanto-Ingenieure: Obwohl das ursprüngliche Patent längst abgelaufen ist, wird Roundup in noch größerem Maßstab als vor 20 Jahren eingesetzt. Alles in allem geht man davon aus, dass mehr oder weniger eine Million Tonnen Glyphosat jährlich hergestellt und auch verbraucht werden.

Dabei sind, wie könnte es auch anders sein, wiederum gravierende Probleme aufgetaucht. Insekten, Pilze und Pflanzen wollen leben, ihr genetisches Programm ist darauf programmiert, dem Pestizid-System Widerstand zu leisten.

Wer etwas von Evolutionsbiologie versteht, der weiß um den permanenten Wettlauf zwischen großen und kleinen Organismen. Dieser ist wesentlich für die Welt des Lebens, wie es etwa in der sogenannten Red-Queen-Hypothese treffend zum Ausdruck kommt: 1973 formulierte Leigh Van Valen, Biologe an der Universität Chicago, diese Hypothese, zusammengefasst ist deren Kernaussage in dem Satz «*One must run in order to be able to stay at one's place*». Wollen Individuen einer bestimmten Art überleben, dürfen sie sich niemals mit der einmal erreichten Anpassung an die Umwelt zufriedengeben. Van Valen griff dabei auf eine Analogie aus Lewis Carrolls Erzählung *Through the Looking-Glass and What Alice Found There* (1872; *Alice hinter den Spiegeln*, 1963) zurück: Alice, die Heldin der Geschichte, lebt in einer rätselhaften Traumlandschaft, die durch Hecken und Bäche schachbrettartig in Quadrate unterteilt ist und in der sie seltsame Abenteuer erlebt. Schnell wie der Wind rennt sie hinter der Roten Königin her, aber es nützt ihr nichts, denn «hierzulande musst du so schnell rennen, wie du kannst, wenn du am gleichen Fleck bleiben willst. Und um woandershin zu kommen, muss man noch mindestens doppelt so schnell laufen».

Selbst bei einer physisch konstanten Umwelt, also wenn es beispielsweise keine globale Klimaerwärmung gäbe, verändert sich laut dieser Hypothese für jede existierende Art die Umgebung. Tierische Räuber wandeln sich ebenso wie die Pflanzen, die sie normalerweise fressen. Natürlich verändern sich jene Parasiten, die ununterbrochen Pflanzen und Tiere attackieren. Ständig müssen sich die Individuen einer Art an diese neuen Gegebenheiten anpassen. Eine Kostprobe hierfür sind die nach mehreren Generationen entstandenen Insekten, die gegen Gifte resistent sind. Dies stellt nicht nur ein enormes wirtschaftliches Problem dar, sondern auch ein klassisches Beispiel für die Evolution durch natürliche Selektion.

1937, in der ersten Auflage seines einflussreichen Buches *Genetics and the Origin of Species*, räumte der Biologe Theodosius Dobzhansky ein, Evolution sei gewöhnlich so langsam, dass sich innerhalb eines menschlichen Lebens keine Veränderungen in wilden Arten erkennen ließen. Er konstatierte aber als Ausnahme die Genetik kalifornischer Schildläuse: Zum Schutz von Zitronen wurden die Plantagen regelmäßig mit Blausäure begast. Trotzdem breiteten sich schnell resistente Schildläuse aus. «Auf jeden Fall», so Dobzhansky, «bietet die Verbreitung der resistenten Stämme wohl den bisher besten Beweis für die Wirksamkeit der natürlichen Auslese.»

Bekannt wurde genetischer Widerstand gegenüber Pestiziden erstmals 1914. Seinerzeit fragte der Entomologe A. L. Melander in einem Artikel *Can Insects become resistant to Sprays?*. Gut dokumentiert ist inzwischen eine Vielzahl an Widerstandsfähigkeiten gegenüber chemischen Stoffen: Ratten sind gegen Gifte wie Warfarin gewappnet, Stechmücken sind weiterhin lästig, wenn nicht gar tödlich, und Bakterien haben eine Antibiotikaresistenz entwickelt. Der Umstand, dass wir Menschen dahin tendieren, uns als die Krone der Schöpfung anzusehen, kann unseren Blick für die Bedeutung der Insekten trüben. Diese sind sehr erfolgreich, auch deshalb, weil sie fliegen können, weil sie sehr wandlungsfähig sind und sich gleichzeitig reich und üppig vermehren. Ununterbrochen liefern sich Insekten einen Rüstungswettlauf mit Pflanzen. Diese bilden chemische Abwehrstoffe aus, um mit Herbivoren fertigzuwerden. Darauf müssen sich wiederum Insekten, die ihre Energie aus dem Fressen von Pflanzenteilen gewinnen, einstellen. Die Tiere verfügen über ausgetüftelte Entgiftungsmechanismen. Diese kommen ihnen auch bei der Abwehr von Pestizidorgien zugute.

Und so stellen Insektizide vor allem ein extrem selektives Sieb dar, mit dem resistente Individuen konzentriert werden. Anzutreffen sind diese Individuen in der ursprünglichen Population in einer nur sehr geringen Häufigkeit; haben sie einmal das Gift überlebt, vermehren sie sich explosionsartig. Unter Entomologen existiert sogar die These, dass Insektizide Schädlingsvermehrung hervorrufen können. Ein berüchtigtes Beispiel hierfür ist Azodrin.

Azodrin ist ein Phosphorsäureester, ein Gift mit einem breiten Anwendungsspektrum. Auf den Markt wurde es Mitte der sechziger Jahre des letzten Jahrhunderts von der Shell Chemical Company geworfen; zur Anwendung kommt es heute noch in der Dritten Welt. Bei der Markteinführung wurde Azodrin als Wundermittel gegen den Amerikanischen Baumwollkapselwurm gepriesen. Die Raupen dieses Schmetterlings verursachen an der Baumwolle erhebliche wirtschaftliche Schäden.

Eine Forschungsgruppe an der Universität von Kalifornien um den Entomologen Robert van den Bosch untersuchte seinerzeit die Langzeitwirkung des neuen Mittels; beteiligt waren an der Studie ursprünglich auch Shell-Ingenieure. Diese freilich wollten von den Ergebnissen nichts wissen: Es stellte sich heraus, dass Azodrin auf alle Insekten tödlich wirkt. Besiedelten also nach dem Sprühen überlebende Baumwollkapselwürmer wieder die Felder, fehlten häufig die natürlichen

Feinde. Der Schmetterling vermehrte sich explosionsartig. Prompt kreierte van den Bosch den Ausdruck von der Pestizid-Tretmühle: Drastisch erhöhte die Azodrin-Anwendung die Populationsdichte des Baumwollkäfers, letztlich schadete das Mittel sogar den Farmern. Nur Shell profitierte: Auf die üppige Vermehrung besonders schnell resistenter Stämme folgte eine Werbekampagne mit der Botschaft, noch mehr zu spritzen, und zwar unabhängig von der Existenz des Schmetterlings.

Farmer sollten bei ihrer Arbeit nicht die Möglichkeiten des ökologischen Gleichgewichts ignorieren, konstatierte seinerzeit van den Bosch. Ebenso wie die meisten Insektenarten sich nicht unendlich vermehren, so stirbt eine Tier- oder Pflanzenart normalerweise nicht urplötzlich aus. Es gäbe eine Selbstregulation, der alle lebenden Arten, außer der unsrigen, unterliegen. Exakt dies bezeichne die Idee der Balance der Natur.

Ebenso wie sich Insekten auf Pestizide einstellten, so haben Wildkräuter auf Glyphosat reagiert. Dies hielten die Monsanto-Technologen für völlig ausgeschlossen, und die Erfahrungen der ersten 20 Jahre gaben ihnen völlig recht. Seit 1997 aber sieht die Welt anders aus. Unkräuter können zwar nicht fliegen wie Insekten, sie können auch nicht weglaufen wie Menschen, sie drehen sich aber auch nicht einfach zum Sterben auf die Seite. Wildkräuter haben sich einer Resistenzmethode bedient, die in der Evolutionsbiologie ausführlich beschrieben wurde, etwa 1970 von Susumu Ohno in *Evolution by Gene Duplication*.

Die Unkräuter verdoppeln jenes Gen, das die von Glyphosat blockierte Synthese der Aminosäuren üblicherweise steuert. Dabei kommt es nicht nur zu einer simplen Verdopplung, nein, teilweise liegt das Gen in 150-facher Ausführung vor. Es existieren noch weitere Resistenz-Mechanismen: Die Kräuter antworten etwa mit kontrolliertem Absterben der vergifteten

Pflanzenteile und leben so weiter. Diverse Kräuter haben es verstanden, durch Mutationen Glyphosat den Zugang zu dem Ziel-Enzym einzuschränken. Beschert hat all dies der Monsanto-Entwicklungsabteilung viele Überstunden. Natürlich ist man fündig geworden auf der Suche nach Alternativen. Zumindest bildet man es sich ein. Alternativen sind auch dringend gefragt, denn Glyphosat ist umstrittener denn je.

Verkauft hat Monsanto seine Wunderwelt ununterbrochen mit dem markigen Marketing, dass Roundup in jedem Wachstumsstadium und zu jeder Jahreszeit wirkt, aber dies nur bei Pflanzen. Das Enzym, das das Herbizid ausknockt, komme beim Menschen und anderen Säugetieren ebenso wenig vor wie bei Vögeln und Fischen. Auch hier ließe sich ein konzeptioneller Einwand einbringen: Pflanzen sind die Hauptakteure der meisten terrestrischen Ökosysteme. Hinsichtlich Nahrung, Baumaterialien und Arzneistoffen sind wir von ihnen abhängig; Menschen würden gar nicht existieren, hätten sich die Nachkommen der Algen vor 460 Millionen Jahren nicht aufgemacht, das Festland zu erobern. Das Reich der Pflanzen prägt also ebenso wie das der Pilze und Tiere ganz entscheidend die Welt des Lebens; die Idee, man habe ein Mittel, mit dem man nun einen Teil des Lebens abtöten kann, während die anderen Teile davon absolut nicht tangiert werden, erscheint als zu schön, um wahr zu sein.

Seitenlang ist inzwischen die Liste der Glyphosat-Schäden; der Stoff steht neuerdings im Verruf, krebserregend zu sein. Unter anderem verweisen Kritiker darauf, dass das Herbizid auch Bakterien und Pilze tötet, die mit den Pflanzen in Symbiose leben, also lebensnotwendig sind. Glyphosat, so eine biochemische Finesse, weist eine hohe Polarität auf, es ist also an seinen gegenüberliegenden Enden entgegengesetzt geladen. Daher kann es für Pflanzen, Tiere und den Menschen lebenswichtige Stoffe an sich binden, die auch diese Polarität aufweisen, ohne dabei selbst die eigene molekulare Beschaffenheit zu verändern.

Das neueste Wundermittel heißt RNA-Spray. Obwohl noch im Entwicklungsstadium, wird es schon von Monsanto vermarktet und hochgepriesen – als BioDirect. Dies entspricht durchaus einer gewissen Logik: Schließlich gibt es nichts Biologischeres als Ribonukleinsäure.

Bekanntlich ist die Desoxyribonukleinsäure (DNA) jenes Molekül, in dem unsere Erbinformationen gespeichert sind. Gene sind ein Stück DNA, die gewöhnlich für ein Protein codieren. Aber nicht nur: Man unterscheidet zwischen Strukturgenen, die die Aminosäuresequenz eines Proteins codieren und Regulationsgenen, die den Prozess des An- und Ausschaltens von Strukturgenen kontrollieren. Im Grunde genommen ist die komplette Genetik eine ausgetüftelte Symphonie an Signalsystemen. Es geht dabei um Informationen, um Informationsspeicherung, um Messengers, um die korrekte Übertragung von Information, um Signale, um Codes ohne Komma, um Enhancer, also Verstärker, um Anweisungen, mit denen Gene oder Enzyme für einen bestimmten molekularen Prozess ein- oder ausgeschaltet werden, es geht um Regulation und Switches. Und dies vor allem, weil aus DNA allein keine Proteine entstehen; DNA ist als Molekül viel zu träge. Daher ist eine zweite Nukleinsäure vonnöten, die Ribonukleinsäure (RNA). Es existieren verschiedene RNAs, aber die Information in einem DNA-Molekül wird zuerst einmal in die sogenannte *messenger* RNA umgeschrieben. Diese mRNA dient als Matrize für die Herstellung der Proteine.

Während der Sequenzierung der Genome stellte sich heraus, dass beim Menschen und anderen vielzelligen Organismen nur ein verschwindend geringer Prozentsatz für Proteine und diverse RNAs codiert. Die Rede vom Junk machte die Runde. Der überwiegende Teil des Genoms, des angeblichen

Buches des Lebens, galt als nutzlos und mit vielen Nullen aufgeblasen. Der Evolutionsbiologe Ernst Mayr (1904–2005) meinte hingegen, als Darwinist könne er es sich nicht vorstellen, dass eine in der Evolution entstandene derartig große Struktur wie das Genom überwiegend funktionslos sei.

Inzwischen hat sich herausgestellt, dass ein großer Anteil der Information im Genom in Ribonukleinsäuren umgeschrieben wird. Der Clou dabei ist, dass diese RNAs *nicht* für Proteine codieren. Man spricht also von nicht-codierenden RNAs. In unterschiedlichen Zellen sind auch unterschiedliche Gene aktiv; die Gene müssen reguliert werden, sie werden ständig an- oder abgeschaltet und reagieren so auf externe Umweltbedingungen oder auf die Aktivitäten anderer Gene in derselben Zelle. Beteiligt sind daran diese nicht-codierenden RNAs. Eine Klasse dieser RNAs wird als siRNA bezeichnet, *small interfering* RNA. Diese allerdings *hemmt* die Informationsübertragung. Man spricht daher von RNA-Interferenz, von Funkstörung oder Hemmung.

Im Labor wurde die nobelpreiswürdige Entdeckung dieser RNA inzwischen auf das Vielfältigste zur gezielten Inaktivierung von Genen eingesetzt. Und so klickte es beim Ausdruck *Hemmung von Genaktivitäten* auch bei Monsanto und anderen Chemiefirmen; im September 2012 etwa erwarb Syngenta für 403 Millionen Euro die belgische Firma Devgen, die führend an der RNA-Spray-Technologie forscht. Es geht also um die Herstellung von RNA, um diese auf jene Schädlinge zu sprühen, die man nun schon seit Jahrzehnten loswerden will. Natürlich möchte Monsanto so auch die Debatten um gentechnisch veränderte Pflanzen minimieren.

Eingesetzt werden soll die Technologie bei der Bekämpfung von Glyphosat-resistenten Unkräutern, man muss ja nur das entsprechende Gen aufs Korn nehmen und ordentlich besprühen. Eine weitere Idee besteht darin, die RNA in Pflanzenwurzeln wie etwa bei Zitronen zu injizieren, um so ein von Blattflöhen übertragenes, jährlich Millionenschäden hervorrufendes Bakterium abzutöten. Auch könnte die RNA-Interferenz bei Pflanzen Ethylen in Schach halten: Dieses gasförmige Hormon veranlasst die Fruchtreife und ist auch für das Absterben von Pflanzenteilen verantwortlich. Zu Weihnachten nicht mehr so schnell welkende Holland-Tulpen zu verschenken, dies wäre endlich einmal ein wirklich origineller Fortschritt.

Auch den kampferprobten Kartoffelkäfer soll der RNA-Spray endlich unschädlich machen. Überlebt hat der Käfer schließlich DDT und weitere 60 Insektizide. Nach Versuchen sei man sich monsatosicher, dass der Spray 99 Prozent der Käfer killt. Und dies exakt ist das Problem. Die Monsanto-Boys klopfen sich angesichts einer Contract-Killer-Quote von 99 Prozent auf die Marketing-Schulter. Ein Darwinist verweist auf die natürliche Auslese: Immerhin schlüpft ein Prozent der Kartoffelkäfer durch den Flaschenhals des RNA-Sprays. Der Wettlauf ist in vollem Gange.

EXPEDITION 4

Die neue Welt der Bio-Weine

Eine Genusstour

Louis Roederer, der Avantgardist

Wenn Jean-Baptiste Lécaillon durch die Eingangshalle von Champagne Louis Roederer in Reims schreitet, wirkt er auf den ersten Blick wie ein Jacques Monod der Önologie. Tatsächlich steht Lécaillon Önologie oder Agrochemie eher skeptisch gegenüber. Daher hat er letztes Jahr zu Weihnachten jedem in seinem Team eine französische Ausgabe von Masanobu Fukuokas Buch *One Straw Revolution: An Introduction to Natural Farming* geschenkt. Seit 40 Jahren sind Fukuokas Bücher wichtige Ideengeber sowohl für eine ökologische Landwirtschaft als auch für einen Lebensstil im Einklang mit der Natur.

«Die Aussagen der heutigen Agronomie sind auch nicht gerechtfertigter als die Steiners», sagt Lécaillon. «Die Rebe, die Erde, die Wurzeln, wie füttern Pilze diese Wurzeln, wie spielt all dies zusammen? Es gibt viele wissenschaftliche Arbeiten, aber ich denke nicht, dass man wirklich viel weiß.» Während der Studienzeit habe er seinen Professor François Champagnol gefragt, wie er überhaupt darauf käme, dass Kunstdünger und Kalium für den Weinstock gut seien. Der Autor des Standardwerkes *Eléments de physiologie de la vigne et de viticulture générale* antwortete: Wenn etwas beim Weizen und Mais funktioniere, dann auch beim Wein. Dies, so Lécaillon, verkörpere den Geist einer *Theory for everything*.

«Eine derartige Theorie existiert aber nicht. Wer mit lebenden Organismen arbeitet, verfügt über kein Rezept. Daher mag ich Steiners Vision von der Landwirtschaft als Organismus.»

«Haben Sie jemals Steiner gelesen?» In der Tat existiert eine französische Ausgabe des *Landwirtschaftlichen Kurses*.

«Nein. Ich habe mich mehr mit Goethe beschäftigt. Er spielt in der französischen Kultur eine spezielle Rolle, seine Werke sind gut übersetzt worden. Goethes Idee der Metamorphose ist für mich klarer und nachvollziehbarer als das Gedankengut von Steiner. Haben Sie schon einmal etwas von dem Philosophen Pierre Thuillier gehört?»

«Nicht wirklich.»

«Er ist der beste Freund meines Schwiegervaters gewesen. Thuillier hat Bücher über Einstein und Darwin geschrieben, einer seiner einflussreichsten Aufsätze behandelt Goethe. Er hat den bezeichnenden Titel *Goethe l'hérésiarque*. Letztlich geht es seit drei Jahrhunderten um den Kampf zwischen Quantität gegen Qualität, um die Auseinandersetzung zwischen Mathematikern und Philosophen. Und Goethe war einer der Ersten im neuzeitlichen Denken, der wusste, dass man nicht alles mit Mathematik erklären kann. Um das Ganze, um das Gesamtbild zu verstehen, benötigt man mehr als Mathematik, und dies stellt für mich wirklich Goethes Botschaft dar. Unglücklicherweise repräsentiert die Quantität die heutige Realität. Dagegen ist Qualität nicht einfach zu verstehen. Es ist auch schwierig, Qualität nachhaltig zu gestalten.»

Goethe, der Erzketzer also: All dies stehe, so Lécaillon, diametral dem universitären Wissen gegenüber: «Denken Sie nur an die Idee von Descartes, alles zu separieren und in seine Bestandteile zu zerlegen, um es dann für die Analyse wieder zusammenzusetzen.»

Lécaillon weiß, wovon er redet. Studiert hat er an der renommierten École Nationale Supérieure d'Agronomie in Montpellier. Ich kenne einige seiner Kommilitonen, die ihn als permanenten Klassenbesten mit ehrgeizigen Ambitionen charakterisieren. Seit 1999 ist er als Chef de Cave, als Kellermeister, bei Roederer, außerdem ist er für die 240 Hektar Weinberge des Hauses zuständig. Verbunden ist damit eine Verantwortung, über die sich die wenigsten ein Bild machen können: Champagner ist ein sogenannter Verschnitt, auch Cuvée, Assemblage oder Blend genannt. Zu über 90 Prozent ist Champagner ein jahrgangsloser Wein; verschnitten werden verschiedene Lagen, verschiedene Jahrgänge sowie Weine aus den drei Rebsorten Meunier, Pinot noir und Chardonnay. Für seinen Roederer Brut Premier verarbeitet Lécaillon Weine aus 110 verschiedenen Tanks; die Weine stammen aus 50 Dorflagen (Crus). Seine Aufgabe ist es, diese Weine zu einem harmonischen Ganzen für die zweite Gärung in der Flasche zu assemblieren. Lécaillon ist ein *master blender*. Stets muss er einen Brut Premier mit dem typischen Roederer-Geschmack kreieren, Jahr für Jahr, gleichgültig wie die aktuelle Ernte gewesen ist. Dafür setzt er auch Reserveweine aus acht unterschiedlichen Jahrgängen ein.

Seit Jahren präsentiert mir Lécaillon zumeist im März repräsentative Grundweine der Ernte des vergangenen Jahres. Im Mittelpunkt steht dabei stets auch der geschmackliche Unterschied zwischen konventionellen und biodynamischen Weinen. Es ist März 2016; um zu probieren, gehen wir diesmal im Keller von Tank zu Tank. Zwei Chardonnays der Ernte 2015 aus Avize, der konventionelle schmeckt stahlig und cremig, den Biodyn-Wein charakterisiert der Kellermeister als «multidimensional». Die biodynamischen Pinots sind bemerkenswert weich. Die Unterschiede sind offensichtlich. «Wenn wir im Team verkosten, sieben Önologen, dann immer blind. Unser größter Feind ist die Vorstellung von dem, was uns erwartet. Beim Pinot noir schmecken wir immer die biodynamischen Weine heraus. Die Säure ist sehr präsent, die Weine sind sehr frisch, aber ich suche vor allem Konzentration. Die biodynamischen Grundweine sind cremig, seidig und fruchtintensiv. Auch erkennt man sie an einer aparten Süße, die aber nie zuckrig ist.»

Beim Chardonnay sei der Unterschied nicht so offensichtlich. Alles in allem sind diese geschmacklichen Unterschiede wichtig für die Komplexität von Lécaillons Champagner. Inzwischen bewirtschaftet Roederer 100 Hektar Rebfläche biodynamisch, die Trauben gehen vor allem in die hochwertigen Cuvées. Cristal und der Brut Nature sind zu 80 Prozent aus biodynamischen Trauben. Lécaillon stellt eine Flasche Roederer Cristal Rosé 2010 auf den Tisch: «Dies ist mein erster Champagner aus rein biologisch-dynamischen Trauben.»

Cristal, behauptete einst Truman Capote, entfache eine solch prickelnde Sensation auf der Zunge, dass man «nach einem Schluck nichts geschluckt zu haben meint, jedoch Dämpfe von der Zunge steigen und dort alles zu feuchter, süßer Asche verbrennt». Der Rosé 2010 verifiziert diese euphorische Charakterisierung, und so füllt Lécaillon die Gläser zügig nach, um dann über die Anfänge zu sprechen. Vor zehn Jahren gab es eine Konferenz, zu der einige der großen Weinmacher der Zukunft eingeladen wurden. Darunter befanden sich erstaunlich viele Biodynamiker. Seinerzeit gewann diese Bewegung an Popularität, vor allem im Burgund und Elsass, auch als pragmatische Reaktion auf die malträtierten und ausgelaugten Böden. Um diese Leute niederzumachen, habe er sich entsprechend rhetorisch und inhaltlich bewaffnet, dann aber festgestellt, wie gut man mit ihnen diskutieren könne. Anschließend bat er Dominique Lafon von der Domaine des Comtes Lafon um Rat. Dieser stellte einen Kontakt zu Pierre Masson her, einem Demeter-Berater aus dem Burgund.

Man einigte sich darauf, in Avize eine vier Hektar große, von der *Maladie du court-noué*, der Reisigkrankheit, befallene Rebfläche zu teilen. Dabei handelt es sich um einen schleichenden Befall der Reben durch Viren. Diese breiten sich in der ganzen Pflanze aus, was zu dünnen Trieben, gelben Blättern und fehlender Fruchtbildung führt. Übertragen werden die

Viren durch Fadenwürmer, die an den Wurzeln der Reben saugen. Hat sich die Krankheit einmal im Weingarten richtig festgesetzt, kann sie nicht mehr ausgemerzt werden. Irgendwann müssen die Rebstöcke vernichtet werden. Bei dem Weingarten in Avize handelt es sich um 30 Jahre alte Rebstöcke. Ab dem Jahr 2000 wurde eine Hälfte konventionell, die andere biodynamisch bewirtschaftet. Es sei frappierend, wie unterschiedlich sich die beiden Parzellen entwickelt hätten.

«Wenn wir Hornmist sprühen, erhält die Pflanze einen Kick. Erwärmt sich dabei die Erde, wachsen die Austriebe schnell nach oben. Im Sommer, wenn die Pflanzen nicht mehr so viel Energie benötigen, nehmen wir den Hornkiesel. Alles in allem kurbeln diese Präparate die Aktivitäten der Reben an, auch die Mineralisierung im Boden, was wiederum dazu führt, dass die Rebstöcke natürlichen Stickstoff aufnehmen.» Dann fügt er hinzu: «Hier geht es darum, was ich sehe. Ich glaube nichts.» In seinem Team habe er Mitarbeiter, die das alles für Humbug halten. Zu einem habe er kürzlich gesagt: «Mir ist völlig egal, was du denkst. Aber willst du den ganzen Tag im Weingarten mit starken Pestiziden arbeiten oder mit Kupfer und Schwefel?»

«Reden wir über den Ertrag.»

«Als wir begannen, fiel dieser um 15 Prozent. Das lag aber eher an der Umstellung in der Bodenbearbeitung. Zehn Jahre nach der Konversion hatten wir im Durchschnitt einen 3 Prozent geringeren Ertrag. Dieser Verlust geht auf ein sehr schlechtes Jahr zurück, 2012. In zehn Jahren eine schwierige Ernte, darauf sollte man schon eingestellt sein. Sonst ist man im Weinbau am falschen Platz.»

Die Biodynamie habe, so Lécaillon, ihm viele Fenster geöffnet und sein Denken über die Landwirtschaft verändert: «Unser Team ist so auch passionierter bei der Arbeit. Man kümmert sich mehr um die Rebstöcke und den Wein.» Den

Traubenbedarf deckt Roederer überwiegend durch den außergewöhnlich großen Besitz an eigenen Rebflächen; im Allgemeinen aber gehören die Weingärten der Champagne zu 90 Prozent Winzern. Diese wiederum verkaufen die Trauben kiloweise an die Häuser. Für ein Kilo Trauben in guten Lagen bekommt ein Winzer inzwischen sieben Euro, bei biodynamischem Traubengut können es schnell zehn Euro werden. Da viele konventionelle Winzer ihr gutes Leben mit dem massiven Einsatz von Herbiziden absichern, werde, so Lécaillon, in der Champagne eine Form industrieller Landwirtschaft praktiziert, in der für Bio oder Biodynamie sehr wenig Platz ist.

Das Gedächtnis des Weins

Wenn Lécaillon der Pragmatiker unter den biodynamischen Anwendern ist, dann ist Hervé Jestin der Geheimnisvolle. Freilich, auch die Geheimnisvollen geben ihre Geheimnisse preis. Man muss mit ihnen nur lange genug fachsimpeln und dabei den richtigen Wein trinken. Auch Jestin ist ein *master blender*. Über zwei Jahrzehnte arbeitete er als Kellermeister für ein großes Handelshaus. Irgendwann setzte ihn die Chefin vor die Tür. Dies sei das Beste, was ihm passieren konnte, sagte ich damals zu ihm. Inzwischen sieht er das auch so. Jestin ist Chef de Cave für das Champagnerhaus Leclerc Briant, einem Biodyn-Pionier; neuerdings besitzt er selbst zwei Hektar Rebfläche in Cumières. Außerdem berät Jestin eine Reihe von Winzern. Manche bezeichnen ihn als den Champagne-Papst der Biodynamie. Aber auch der Papst besteht, wie J. B. S. Haldane zu sagen pflegte, zu 70 Prozent aus Wasser. Die Biodynamie ist für ihn eine Methode, das Leben zu verstehen. Seit Steiner habe sich viel verändert, schließlich habe dieser niemals etwas über die Weinbereitung publiziert. Es könne auch nicht sein, dass die Biodynamie im Weinberg aufhört. Daher hat Jestin sie auf die Arbeit im Keller und mit der Assemblage ausgedehnt. Schon immer war er experimentierfreudig. Bei seinem früheren Arbeitgeber ließ er einen Bach unter die Tankanlagen legen, um so negativ auf den Wein wirkende Strahlung abzulenken. Bereits vor 20 Jahren stellte er einen Schallplattenapparat samt Lautsprecher vor die Stahltanks; natürlich legte er keinen Classic Rock auf, sondern Mozart. Später gab er zu, dass Musik den Wein nicht beeinflusse. Derzeit stellt er diverse Champagner ohne Zugabe von Schwefel her. Schwefel sei ein Erdöl-Abfallprodukt und gehöre nicht in den Wein.

Bei seiner Arbeit beruft er sich auf die *Radioästhesie*, vom lateinischen *radius* für Strahl und dem griechischen *aisthesis* für Sinneswahrnehmung. Mit dieser Methode könne man Wirkungen von Strahlen messen; konkret arbeitet Jestin mit den Bovis-Einheiten, benannt nach dem Franzosen André Bovis (1871–1947). Dazu hat er eine Apparatur konstruiert; die kleine Vorrichtung mit Antenne, eine Art Biotensor, ist einem sogenannten Lecher-System nachempfunden. Normalerweise dient die von dem österreichischen Physiker Ernst Lecher (1856–1926) entworfene und aus zwei Drähten bestehende Anordnung für Resonanzuntersuchungen bei hochfrequenten elektrischen Signalen. Mit seiner Antenne sucht Jestin etwa die zu seinen Champagnern passenden Gläser oder er misst die Bovis-Einheiten beim Wein. Das Maximum für konventionelle Weine seien bisher 12 000 Einheiten, die Bio-Weine gehen auf 21 000 hoch, während er bei den biodynamischen zwischen 15 000 und 30 000 Einheiten gemessen hat.

«Seit der Jahrtausendwende versuche ich verstärkt, das zu verstehen, was wir Materie nennen», sagt Jestin. «Ein Wein etwa, will er gut altern, muss mit bestimmten Informationen versorgt werden. Vor zwei Wochen bin ich frühmorgens in den Wald gegangen, um dort Luft in eine Flasche abzufüllen. Zu schnell erfolgte dieses Jahr der Ablauf der Jahreszeiten. Der Wein im Stahltank weiß nicht, was auf dem Planeten geschieht, es sei denn, er erhält zusätzliche Informationen. Daher habe ich die Luft über den Tanks in den Wein abgelassen.»

«Ich glaube keine einzige Sekunde, dass Luft Informationen enthält, die ein Wein verarbeiten kann.»

«Das verstehe ich. Ich bin in der gleichen Situation wie Sie gewesen. Aber die Sachlage hat sich eindeutig verändert. Denken Sie nur an die Publikationen von Jacques Benveniste über das Gedächtnis des Wassers. In Frankreich sind diese Studien sehr bekannt.»

In Frankreich ist der eloquente Charmeur Benveniste – er verstarb 2004 – immer noch ein beliebtes Salon-Thema. In der Zeitschrift *Nature* publizierte der Immunologe 1988 ein kontroverses Papier über seine Experimente mit weißen Blutkörperchen. Benveniste stellte die These auf, dass sich Wasser an den Kontakt mit diesen Molekülen erinnern könne. Auch der Nobelpreisträger und HIV-Entdecker Luc Montagnier unterstützt diese Theorie; Jestin selbst zitiert gerne die Arbeit von Montagnier über DNA-Teleportation. Nach dieser Theorie produziert das Erbmolekül, wird es in Wasser hochverdünnt, elektromagnetische Wellen.

«Ich habe einen Freund», so Jestin, «der Montagnier sehr gut kennt. Wir arbeiten eng zusammen, um meine Informationstheorie zu testen.»

«Sie haben eine Informationstheorie des Weins?»

«Wir arbeiten mit einer Apparatur, die mein Freund entwickelt hat. Es ist eine Art Kamera, ein sehr teures Gerät, mit der wir die Emission von Photonen messen können. Beim letzten Treffen habe ich über zwanzig Grundweine für meine Assemblage so getestet. Wir haben unterschiedliche Weine auf vier nebeneinanderliegende Quarzscheiben getröpfelt. Dann haben wir untersucht, ob sich Photonenbrücken zwischen den Tropfen ausbilden. Manchmal war dies der Fall, wir sahen eine Brücke, dann wieder nicht. Dies stellt für mich eine wichtige Entscheidungshilfe bei der Arbeit an der Assemblage dar. Es sagt mir, welche Weine wirklich gut miteinander harmonieren.»

Natürlich seien seine Ideen von der Biodynamie geprägt, aber der Ansatz ist neu, erklärt Jestin und zeigt im Weinkeller von Leclerc Briant auf einige derzeit modische Eier aus Beton, wie sie inzwischen gerne für die alkoholische Gärung verwendet werden. Normalerweise stehen diese Ei-Tanks senkrecht; bei Jestin liegen sie. Dies sei die natürliche Position eines Eis. Außerdem hat sich das Haus ein kleines Stahlfass zugelegt, dessen Innenwand mit einer Goldschicht ausgekleidet ist. Schließlich sei Gold ein nobles Metall, auch ist es das Symbol der Alchemie.

«Das Gold steht in Verbindung mit der Sonnenenergie und der Sonnenaktivität. Auch das Gold hilft mir, bessere Weine zu machen. Wir haben ein Kilo für das Fass gekauft.»

«Das macht 38 000 Euro, oder?»

«Wir haben es etwas günstiger bekommen, für 33 000.»

«Und der Wein?»

«Das Gold wirkt sehr präzise. Es hat dem Wein sehr viel Energie hinzugefügt. Wir haben auch ein Experiment im Meer gemacht. In der Bretagne», sagt Jestin und kommt drei Minuten später mit einer Flasche in der Hand zurück. Das Etikett ist leicht verwaschen, gut sichtbar ist der Name der Cuvée. Sie heißt Abyss. Jestin öffnet Abyss und schenkt ein. Er hält das Glas für einige Sekunden an sein Ohr. Die feinen Kohlendioxidbläschen explodieren im Glas. Dabei murmelt Jestin etwas vom Rauschen der Meere: «Wir haben die Flaschen in einem speziellen Container ins Meer gelegt. Sechzig Meter tief. Stets hatten die Flaschen Kontakt mit dem Meerwasser. Dort unten ist der Druck auf das Glas sowohl von außen als auch von innen gleich. Es existiert keine elektromagnetische Strahlung. Es gibt praktisch keine Oxidation, daher altert der Wein dort unten nicht so schnell. Das Meer ist voller Leben. Es existiert also eine Verbindung zwischen dem Wein und dem Meerwasser. Der Boden, auf dem die Reben in der Champagne wachsen, ist Kreide. Diese Kreide ist das Sediment eines Meeres, das sich hier vor sechzig Millionen Jahren befand. So schließt sich der Kreis, wir können in diesem Glas Champagner unmittelbar das Meeresrauschen wahrnehmen.»

Was immer man über Jestins Ansatz denken mag, seine Champagner-Weine sind zumeist außergewöhnlich. Sie sind präzise, klar und konzentriert. In der Champagne existiert ein Rating der Weinlagen von 80 bis 100 Prozent, Letztere sind die berühmten Grand Crus. Jestin schafft es, aus Trauben nicht so hochklassifizierter Lagen außergewöhnliche Weine herzustellen. Vielleicht ist dies auch ein generelles Markenzeichen biodynamischer Weinmacher.

«Der Wein reflektiert den Macher, und wenn man Biodynamie betreibt, dann wird es schwierig, etwa Einfaches herzustellen», sagte mir einmal Jean-Pierre Fleury dazu. Fleury besitzt ein kleines Haus in Courteron, im Süden der Champagne: Nur wenige wissen, dass es in der Côtes de Bar, in unmittelbarer Nähe zum Burgund, 7000 Hektar Rebfläche gibt. Angebaut wird zumeist Pinot noir. Vor nicht allzu langer Zeit wurden die hier produzierten Weine von den Kellermeistern im 180 Kilometer entfernten Reims eher belächelt. Dies hat sich inzwischen geändert, auch dank Fleury.

Angewidert vom Einsatz chemischer Produkte – seinerzeit geriet das im Vietnamkrieg eingesetzte Herbizid *Agent Orange* in die Schlagzeilen – ersetzte Jean-Pierre Fleury schon 1970 Kunstdünger durch Kuhmist und begann, mit Silizium und den Horn-Präparaten zu arbeiten. Eine extrem geringe Traubenernte im Hitzejahr 1976 stoppte seine Experimentierfreude. Später fand er einen kompetenten Berater, mit dem er zügig 1994 die Demeter-Zertifizierung erreichte.

Vor Jahren erzählte mir Jean-Pierre ausführlich von der Aufbruchsstimmung um 1968, wie er auf der Suche nach einer Alternative zum klassischen Katholizismus gewesen sei. Mit der seinerzeit modischen Buddha- und Yogi-Welle konnte er nicht viel anfangen, er wollte auch nicht nach Indien, um dort viele Stunden auf harten Böden auszuharren oder mit einem Yogi einen hohen Berg zu besteigen. Dagegen sprachen ihn die anthroposophischen Ideen als Mittler zwischen Christentum und Buddhismus an. Wir standen in einem seiner Weinberge, und er war offensichtlich stolz auf das kräftige Grün der Blätter. Amüsiert lächelte er über meine Frage zum Verhältnis der klassischen Demeter-Landwirte zum Wein. Steiner selbst hatte seine Anhänger ja vehement auf Antialkoholismus eingeschworen, daher gab es etwa in Deutschland für Winzer lange keinen Platz im Demeter-Verband. Gerne wird in Frankreich über Steiners Alkoholkonsum spekuliert. Fleury denkt, dass der Meister selbst einem Cognac nicht abgeneigt gewesen war. Auch galten biodynamisch arbeitende Winzer lange Zeit als keine wahren Anthroposophen, weil sie ja keine Kühe hielten, die Präparate also zukaufen mussten. Als Alternative zu den Hardcore-Demeter-Anthroposophen gründete sich daher 1995 der Verband Biodyvin, dem inzwischen über 130 Winzer in Frankreich, Deutschland, Italien und Portugal angehören. Fleury löste sein Fraktionsdilemma, indem er sowohl bei Biodyvin als auch bei Demeter Mitglied ist. Inzwischen hat sich viel verändert.

«Wir haben jetzt sogar in sehr heißen und trockenen Jahren gute Ernten», sagt Jean-Sébastien Fleury. Er ist Jean-Pierres Sohn und verantwortet inzwischen die Arbeit im Weinberg.

«Niemand kann die Magie der biodynamischen Methode erklären, wie sie wirkt, aber dank der Präparate und des Komposts haben wir durchschnittlich zweieinhalb Gramm mehr Säure im Wein als die konventionellen Winzer.»

In der Tat erhöht der Verzicht auf Kunstdünger die Säure im Wein. Auch und vor allem der Einsatz von Kalium puffert Säure ab. Der biodynamische Winzer muss halt die Säure im Wein mögen und zu ihr stehen. Viele konventionelle Winzer entsäuern bei Bedarf beziehungsweise fügen in zu heißen Jahren Säure hinzu. Zum Beweis seiner Säureaffinität öffnet Fleury eine Flasche seiner Cuvée Sonate Jahrgang 2011. Ein Champagner ohne Zusatz von Schwefel, mineralisch und energiegeladen, beim Verkosten assoziiert man nicht unbedingt die Mehrheit an Pinot noir.

Die Kompaktheit des Steinweins

Wie Sébastien Fleury redet auch der deutsche Winzer Hans Oliver Spanier mit Vorliebe über die Energie in seinen Weinen. Besucht man den önologischen und ökologischen Trendsetter in Hohen-Sülzen, fährt man erst einmal durch ein Niemandsland zwischen Worms und Alzey, in Rheinhessen, dort, wo sich dem Auge des Autobahnfahrers derart viele wellige, mit Reben vollgepfropfte Mini-Täler auftun, dass man unwillkürlich zur Frage genötigt wird: «Wieso wird in Rheinhessen eigentlich so viel Wein angebaut?»

«Kann ich Ihnen auch nicht erklären», antwortete H. O., wie Spanier sich selbst nennt, mir einmal vor zehn Jahren rhetorisch. Rheinhessen ist mit über 26000 Hektar und einem Viertel der Gesamtanbaufläche das größte Weinanbaugebiet Deutschlands. Es erstreckt sich von Bingen und Mainz bis südlich von Worms und brachte erfolgreiche süße Massenweine wie die liebliche Liebfrauenmilch oder den Schwarzen Turm hervor. Diese wurden in den USA und England millionenfach gekauft. In Rheinhessen befand sich das Mekka gut düngender und spritzender Winzer. Am Ende der Ernte fuhren Tankwagen à 20000 Liter die Weine in die nächste Kellerei. Wer's trank, wurde selig. Vor 30 Jahren bekam der konventionelle Winzer für seine Ware Pfennigbeträge, der Liter Milch war teurer als das, was der Händler einem Weinbauern für einen Liter Wein zahlte. Niemand musste unter diesen Bedingungen anspruchsvolle Weine produzieren, und so erzeugte die Region seit den achtziger Jahren des letzten Jahrhunderts bei Weinkennern zumeist ein verächtliches Gesicht – aber irgendwann, so H. O., sei die Blase geplatzt: Eine junge Generation, die alles verändern wollte, riss das Steuer herum, angefeuert auch durch ökologische Ideen.

«Wie sind Sie zu Biodyn gekommen?»

«Bis in die fünfziger Jahre des letzten Jahrhunderts wurde im Weinbau mehr oder weniger ökologisch gewirtschaftet. Es existierte ein komplexes Wissen», antwortet H. O. Spanier. Dann hielt auch das Pestizid-System im Weinbau Einzug, verbunden damit war eine Abkehr vom herkömmlichen Kupfer und Schwefel.

«Alles entwickelte sich in Richtung purer, elementarer Chemie mit dem finalen Zeitgeist im Hinterkopf, man müsse sich die Natur untertan machen. Plötzlich ging es um eine Ertragsoptimierung, bei der es gleichgültig war, was Chemikalien kosten. Wir regen uns über 500 Jahre Mittelalter auf, aber das ging schneller. Es ist faszinierend für mich, wie sich jahrhundertealtes konserviertes Wissen innerhalb von anderthalb Generationen in Luft aufgelöst hat.»

«Es ist offensichtlich, dass die Winzer vor 100 Jahren ihr Handwerk beherrschten. Man muss nur alte Weine trinken.»

«Vor 100 Jahren wurde die Dreifelderwirtschaft praktiziert. Beim Weinbau gab es auch Kühe und Landwirtschaft, der Mist kam in den Wingert, gespritzt wurde Bordeaux-Brühe aus Kalk und Kupfersulfat, das funktionierte. Zu bestimmten Zeiten wurde der Rebschnitt durchgeführt, dann die Ernte mit einer Maischestandzeit im Feld, der Most wurde gepresst, dank der Schwerkraft lief er in den Keller, das Fass wurde zugemacht. Es wurde spontan vergoren, manchmal dauerte das ein Jahr, manchmal zehn Jahre, der Wein hat sich von alleine sedimentiert. Ein weiteres Thema in diesem Zusammenhang wäre die Genetik des Weinbergs. Über die macht sich heute niemand mehr Gedanken. Damals gab es Vielfalt, keine uniforme Genetik. Für mich ist ein Grundgedanke der Biodynamie das Setzen einer ständigen Konkurrenz. Ein Nadelwald als Monokultur ist immer krank, der Mischwald strotzt vor Energie. Wir wollen keine Monokultur mit eineiigen Geschwistern, wir pflanzen Rebstöcke aus dem Elsass, der Mosel oder dem eigenen Wingert. Dagegen setzt die heutige Forschung bei den Pflanzen vollständig auf Masse, da geht es nicht um Vielfalt, Stabilität oder alte Genetik. Warum haben bestimmte Pflanzen 1000 Jahre überlebt?»

«Na ja, in Frankreich wird darauf schon wieder geachtet. Bei der sogenannten Selektion massale werden nur die besten Pflanzen aus dem Weinberg vermehrt.»

«Mittlerweile haben wir uns wieder darauf besonnen. Aber mit den Neuzüchtungen ging die komplette Genetik verloren. Und Rheinhessen war am schlimmsten betroffen. Der rheinhessische Wein verkörperte immer die Abnehmerseite. Auch ein schönes Beispiel dafür, wie reine Produktion stets in Verblödung endet.»

Süffisant charakterisiert sich Spanier als der mit Abstand am schlechtesten ausgebildete Winzer Deutschlands. Sein Vater habe zu ihm gesagt: «Wenn du nach Geisenheim auf die

Weinbauschule gehst, enterb ich dich.» Inzwischen geht es ihm darum, konserviertes Wissen in die Modernität einfließen zu lassen. 1990 begann er mit der Umstellung auf Bio-Wein, 2003 auf Biodyn. Ein befreundeter Landwirt habe ihm die Präparate besorgt, auch ihm war klar: «Durch dieses Nadelöhr muss ich durch, mit der konventionellen Landwirtschaft funktioniert es so auf Dauer nicht. Es kann nicht sein, dass wir chemische Präparate einsetzen, die zuerst im Krieg ausgetestet wurden. Die Biodynamie wird immer als etwas Rückwärtsgerichtetes betrachtet, auch die Branche sieht sich so. Für mich ist Biodyn etwas extrem Modernes.»

«Haben Sie Steiner gelesen?»

«Ja, aber es ist schwierig. Der Engländer würde sagen: *This is not my cup of tea.*»

«Umgestellt haben Sie trotzdem?»

«Ja, um die Elementarökologie in den Weinberg hineinzubringen. Ich habe viel experimentiert und dabei Erfahrungen gemacht, die logisch nicht zu erklären sind. Letztlich geht es nur um die Rebe als Individuum. Durch die Biodynamie wird auch der Wein viel widerstandsfähiger. Seit über 20 Jahren habe ich im Keller keine Packung Hefe mehr aufgerissen. Diese Stabilität der Spontangärung hat man nur mit Bio. Es geht auch um die Gesundheit des Weins.»

«Apropos Gesundheit. Zu Bekämpfung von Pilzkrankheiten setzt der Bio-Weinbau vor allem auf Kupfer. Dieser tötet die Sporen ab und fördert durch den Aufbau von Proteinen die Abwehrkräfte der Reben. Ich kenne umweltbewusste Winzer, die statt Kupfer lieber die herkömmliche Chemie anwenden.»

«Kupfer, das törnt mich ab, da müssen wir nicht herumdiskutieren.»

Kupfer ist ein Schwermetall. Da die Pflanzen selbst kaum Kupfer aufnehmen, reichert es sich in den Böden an. Zwar betonen die Bio-Winzer immer, dass sie sehr sorgsam mit dem Kupfer umgehen, aber manchmal lassen sich hohe Konzentrationen nicht vermeiden.

«2016 etwa war ein absolutes Ausnahmejahr. Es gibt Winzer, die so etwas seit 50 Jahren nicht erlebt haben. Alle vier Tage wurde gespritzt, permanent Kupfer, wir hatten hohe Ausfälle.»

Kupfer sei, so H. O. Spanier, alternativlos, solange nicht das Kaliumphosphonat wieder für den Öko-Weinbau zugelassen werde. Über 20 Jahre lang arbeitete er erfolgreich mit diesem Mittel, es ist ideal im Einsatz gegen den Mehltau: Der Pilz wird direkt angegriffen, andererseits erhöht sich die Widerstandskraft der Rebe. Im Jahr 2013 stufte die Europäische Union Kaliumphosphonat als Pflanzenschutzmittel ein. H. O. kann über diese Maßnahme nur ungläubig den Kopf schütteln, um mir dann einen Vortrag über die Bürokratie in Brüssel zu halten.

«Wie arbeiten Sie im Weingarten?»

«In unserer Beweiswelt sind wir irgendwo zwischen Wetteronline und Wikipedia angelangt, das sind ja die Segnungen der modernen Welt, nur dass die Sinne nicht mehr funktionieren. Jetzt lassen sie schon Drohnen in Weingärten herumfliegen. Man denkt, sich in Echtzeit digitalisiert bilden zu können. Ich muss eigentlich nur in den Weingarten reingehen, dann sehe ich alles.»

«Das sagt Lécaillon von Roederer auch. Wenn er auf dem Roederer Estate in Kalifornien ist, würden ihm die Weinmacher immer Satellitenaufnahmen von kranken Rebstöcken zeigen. Daraufhin fragt er, ob sie die kaputten Reben nicht sehen können?»

«Ja, man muss nur die Augen im Weinberg aufhalten. Wer den *human factor* ausklammert, verliert den Überblick.»

«Was hat die Umstellung geschmacklich gebracht?»

«Das kann ich selbst schwer einschätzen.»

«Das nehme ich Ihnen nicht ab.»

«Mir ging es um die nächste Dimension, die Kompaktheit der Weine. Die sind jetzt dreidimensionaler.»

Seit 2003 ist H. O Spanier durch Heirat mit Carolin Gillot auch für das Weingut Kühling-Gillot verantwortlich. Dieses besitzt Lagen am Roten Hang im rheinhessischen Nierstein. Vor 150 Jahren hatte dieser Hang am Rhein noch einen internationalen Klang, der freilich im Laufe der Zeit durch das rheinhessische Allerlei verblasste: «Bei Kühling-Gillot habe ich den Roten Hang sofort herbizidfrei gemacht. Da war ein Leben wie in der Wüste. Der erste Jahrgang danach, mit den Knöllchenbakterien, da ging die Post ab. Es gab eine geschmackliche Eruption im Wein. Schon der Most verbreitet einen Goût von Energie, von Schiefer, von Festigkeit.»

«Sie assoziieren Ihre Rieslinge gerne mit Stein und Festigkeit. Sie sprechen von der Interpretation eines extremen Steinweins?»

«Ja, wie bei der Lage Frauenberg. Aber Sie kennen ja diese strammen Abbruchkanten, die hier das talige Einerlei aufbrechen. Das ist das Salz in der hügeligen Suppe, wenn der pure Kalkstein aus dem Boden tritt, so wie im Burgund.»

«Kommen eigentlich die Vertreter von der großen, benachbarten Firma aus Ludwigshafen zu Ihnen und wundern sich, was Sie hier treiben?»

«Der Industrie bringen wir nichts.»

«Sie brüstet sich aber mit ihrem tollen Weinkeller.»

«Uns haben sie nicht im Portfolio», sagt H. O. Spanier. «Wissen Sie eigentlich, dass bei einer ökologischen Bewirtschaftung mit Erträgen von fünfzig Hektoliter pro Hektar der Nährstoffkreislauf faktisch neutral ist? Die Leguminosen versorgen die Stöcke mit Stickstoff, und ich muss keinen industriellen Kunstdünger kaufen. Das Perpetuum mobile in der

Landwirtschaft sind die Leguminosen. Und dies ist ein Wissen, das viel zu wenig vermittelt wird, selbst an so berühmten Hochschulen wie Geisenheim nicht.»

Die Permakultur des Terroiristen Anselme Selosse

Kein Verkauf, keine Verkostung steht auf dem Schild am Eingang zu dem Hotel Les Avisés. Hier in Avize, in einer 1700-Seelen-Gemeinde im Herzen der Côte des Blancs, einem der prestigeträchtigsten Orte der Champagne, hat der Winzer Anselme Selosse seine Keller. Seit 2011 führt er zusammen mit seiner Frau Corinne auch ein Hotel mit Restaurant. In diesem freilich kann man seine Champagner für einiges gutes Geld bestellen. Verkauft werden die Weine zu Ehren des Vaters immer noch unter dem Namen Domaine Jacques Selosse.

Anselme Selosse ist einer der berühmtesten Weinmacher Frankreichs. Früher galt er als Störenfried unter den Winzern, inzwischen ist er für die einen ein Guru, andere rümpfen nur verächtlich die Nase bei seinem Namen. Selosse hat viele Neider. Als ihm im Jahr 2013 acht Paletten seiner Champagner professionell aus dem Keller geklaut wurden, analysierte die örtliche Zeitung genüsslich, dass der Verlust der 3800 Flaschen schlappe 400 000 Euro ausmache.

In seinen Weingärten hat Selosse stets hart gearbeitet. Schon frühzeitig hat er mit Biodynamie experimentiert und dann umgestellt. Er war nie Mitglied einer Vereinigung, gehörte aber zu einer Gruppe um Mark Angéli und Nicolas Joly. Stets faszinierte ihn das Zusammenspiel zwischen den Wurzeln seiner Rebstöcke und dem Boden. In Avize wachsen die Reben in einen Sockel aus reiner Kreide. Schon vor 25 Jahren zeigte er mir detaillierte, von ihm in Auftrag gegebene geologische Bodenanalysen.

Studiert hat Selosse im traditionellen Burgund. So kamen ihm zwei grundlegende Ideen: Er war einer der ersten Winzer, die für die erste Gärung nicht mit Stahltanks, sondern wieder mit kleinen Holzfässern arbeiteten. Anselme wollte seine Weine so ausbauen, wie es früher in der Champagne üblich war. Einmal standen wir im Juni in seinem Keller zwischen all den kleinen Holzfässern, und Selosse erklärte ohne mit der Wimper zu zucken, dass seine Weine die alkoholische Gärung gerade abgeschlossen haben. Normalerweise ist diese im Oktober des Vorjahres beendet. Er habe diese Weine auch gerade erstmalig probiert, ansonsten halte er, um einen Überblick über die Qualität zu gewinnen, gerne seine Nase in das Fass. Inzwischen hat er viele Nachahmer, die wenigsten davon beherrschen diese Technik. Außerdem war Selosse einer der Ersten überhaupt, die im Champagner mehr sahen als einen schicken Aperitif mit Kohlendioxidperlen. Seine Champagner sind Weine, die man zum Essen trinken sollte.

So erlangte er Ende der achtziger Jahre des letzten Jahrhunderts eine gewisse Berühmtheit. Eine Handvoll Weinjournalisten bejubelten seine seltsamen goldfarbenen Holzfass-Produkte. Diese schmeckten eher nach einem großen Burgunder als nach Schaumwein. Selosse ist ein Individualist. Er schielt nicht nach Moden, und will es nicht jedem recht machen. So hat er 2003 die biodynamische Bearbeitung seiner Weingärten aufgegeben. Die Biodynamiker, so erklärte er mir damals, würden nie lachen.

«Ja, ich habe zu oft gesehen, wie Leute ihr Lächeln oder ihre gute Laune verloren haben.» Prinzipiell aber sei es darum gegangen, den eigenen Weg und die Ziele neu zu definieren. Er selbst betrachte sich als Bauer, nicht als Anwender irgendeines

Konzeptes. Steiners landwirtschaftliche Ideen habe er nie als sehr wissenschaftlich empfunden, im Gegensatz etwa zu Goethes Beiträgen zur Naturphilosophie. Dessen Ideen zur Metamorphose der Pflanzen oder der Farbenlehre beeindrucken ihn heute immer noch.

«Ich habe die biodynamische Landwirtschaft durch die Permakultur ersetzt. Im Februar 2004 besuchte ich Masanobu Fukuoka», sagt Selosse im Juli 2017 zu mir. Die Permakultur strebt die Nutzung landwirtschaftlicher oder sozialer Lebensräume im Einklang mit der Natur an. Der Begriff implizierte zuerst eine *permanente Landwirtschaft*, dann eine *permanente Kultur:* Soziale Aspekte müssen Bestandteil nachhaltiger Systeme sein, so wie es auch Masanobu Fukuoka praktizierte. «Meine derzeitige Vision ist es, Reben als einen Wald zu betrachten», sagt Selosse. «Zu einem Wald leistet der Mensch auch keinen Beitrag.» Die Erfüllung dieser Vision wäre, so fügt er in einer für ihn typischen Sprache hinzu, die «schönste Manifestation der Pflanze».

Gerne wird die Permakultur mit einer «Nichts-tun-Landwirtschaft» assoziiert: Die Natur ruht in sich selbst und erhält sich auch selbst. In der Tat passen diese Ideen sehr gut zu Selosse. Schon vor 25 Jahren standen wir in seinem kleinen Garagenkeller in einer Seitenstraße von Avize, damals hielt er mir strukturalistisch anmutende Vorträge: Zu Beginn seiner Tätigkeit habe er sich als Künstler im Weinkeller begriffen, dann aber seine eigene Person eher in den Hintergrund gestellt. «Ich interpretiere eine Natur, die jedes Jahr unterschiedlich ist. Man könnte dies mit einem Musikstück vergleichen; auch eine Komposition wird von Musikern interpretiert und immer wieder unterschiedlich gespielt.»

Dann fügte er hinzu: «Als Winzer bin ich nur der Stift, der die Geschichte aufschreibt. Ich beobachte, erkenne und reguliere.»

Schon damals ging es ihm um die Integrität der Ökosysteme. Diese müsse wiederhergestellt werden, erklärt er mir jetzt. Bodenerhaltung sei ein notwendiger Schritt in die richtige Richtung. Selosse arbeitet nur mit natürlichen Hefen und verzichtet auf deren Ausfiltrierung aus dem Most. Er habe daher auch nie mit Kunstdünger gearbeitet. Diese Form des Stickstoffeintrags sei nicht notwendig, in einem Wald gebe es diese ja auch nicht. In einem Wald besorgen tote Blätter oder zerbrochene Zweige ebenso wie Wurzelbakterien die Mineralisierung der Böden.

«Der Stickstoff des Kunstdüngers ist reines Doping», erklärt Anselme Selosse seine Position. «Er fördert die Turgeszenz der Zellen.» Turgeszent ist eine Zelle, wenn sie mit Flüssigkeit prall gefüllt ist und dadurch unter Druck steht. «Dies erhöht wiederum den Ernteertrag, entspricht aber letztlich einer Dilution, einer Verwässerung und Aufblähung. Darüber hinaus sind diese wassergefüllten und stickstoffreichen Zellen sowohl für Krankheitserreger als auch für Tierparasitismus anfälliger.»

Als Alternative zum Kunstdünger favorisiert Selosse Kompost, 2000 Kilo pro Hektar im Jahr. Er kommt auf eines seiner Lieblingsthemen zu sprechen: die Identität des Ortes. Gleichgültig ob Kakao, Kaffee, Tabak, Weidegras oder Weinstock, die Identität des Ortes wird diesen Pflanzen durch das Wasser und die Mineralien verliehen, die sie aus den jeweiligen Böden absorbieren. Das Gleiche gelte im Prinzip für die Hersteller von Whisky, Bier oder Sake. Hier sei das Wasser das Wichtigste. Wechselt ein Produzent die Wasserquellen, ist der Whisky nicht weniger gut oder besser, er ist halt anders.

«Angenommen, wir setzen einen Weinstock um», sagt Selosse, «dann werden auch die durch seine Wurzeln mobilisierten Mineralien sich verändern. Dies wiederum verändert die Identität des Weins.»

Selosse vermeidet den gängigen französischen Begriff vom Terroir, hat sich aber trotzdem gefreut, als ich ihn in einem meiner Bücher als *Terroirist von Avize* bezeichnet habe. Für ihn machen die im Boden gelösten Mineralsäuren und -salze die Originalität eines landwirtschaftlichen Produktes aus. Füttert ein Bauer seine Pflanzen mit irgendwelchen löslichen Produkten wie etwa dem herkömmlichen Stickstoffdünger, führt dies zu einem vollständigen Verlust der Identität.

Anselme Selosse öffnet eine Flasche Le Mesnil sur Oger Les Carelles, ein Extra Brut Champagner nur aus Chardonnay-Reben. Wenn der Weinberg die Mutter sei, und die Weine die Kinder, dann sei es immer schwierig, über den eigenen Nachwuchs zu sprechen. «Man kann dabei nicht ehrlich sein», sagt Selosse und fügt hinzu: «Ich produziere das, was ich selber mag.»

Dann verrät er, wie tief ihn immer noch die Gedanken Fukuokas prägen: keine Messe, kein Priester, kein Guru und keine Kapellen. Nur die Bauern können fühlen, können von der Subtilität des Bodens, der Landschaft und der gesamten Gesellschaft, die Land und Landschaft ausmacht, Erkenntnis erlangen.

Attacke in der Champagne

Es ist Juli, die Sonne brennt, wir stehen in einem Weingarten der Champagne, daneben befindet sich ein normaler Acker. Dies sei der offensichtliche Unterschied zwischen zwei Millionen Euro und sechstausend Euro pro Hektar, erklärt Jean-Baptiste Lécaillon. «Dumm gelaufen», ergänzt er in Anspielung auf eine geschichtsträchtige Entscheidung der Besitzer. Diese wurden vor 90 Jahren gefragt, ob sie künftig Reben anbauen oder doch bei der klassischen Landwirtschaft bleiben wollten. Seinerzeit lag das Weingeschäft darnieder, inzwischen ist Avize als Grand Cru eingestuft. Auf dem Acker befinden sich Bienenstöcke und ein langer Streifen Kuh- und Pferdemist. Er habe vor zwei Jahren mehrere dieser Haufen anlegen lassen, und so beginnt Lécaillon, über die Gemeinsamkeiten von Kompostierung und Fermentation zu dozieren. Schließlich handele es sich bei beidem um eine Transformation organischer Materie. Dann zeigt er mir den Weingarten, mit dem seine Experimente begannen. Der Unterschied ist offensichtlich: Die Austriebe der biodynamisch behandelten Rebstöcke sind kräftig, die der konventionellen eher dünn. Dieser signifikant ungleichmäßige Austrieb habe sich recht zügig eingestellt, auch der die Reisigkrankheit verursachende Virus verhalte sich in den beiden Weingärten unterschiedlich: Bei den biodynamischen Rebstöcken sind die Symptome der Krankheit mit der Zeit quasi verschwunden, während im konventionellen viele gelbe Blätter weiterhin vorhanden sind.

«Haben Sie vom Wood Wide Web gehört?»

«Ja», antwortet Lécaillon.

Was für uns Menschen das Gehirn ist, das sind für die Pflanzen die Wurzeln, behauptete Charles Darwin. In der Tat zeigen neuere Studien, dass Bäume oder Pflanzen über ihre Wurzeln miteinander kommunizieren. Sie tauschen so etwa große Mengen an Kohlenstoff oder andere Nährstoffe miteinander aus, beteiligt sind an diesen Interaktionen die in dem Wurzelsystem der Pflanzen lebenden Pilze. Auch werden wohl über das unterirdische Wurzelsystem Signale zu Trockenstress oder Krankheiten übermittelt. Daher macht inzwischen der Ausdruck vom *Wood Wide Web* die Runde. Ausgangspunkt hierfür war eine Versuchsanordnung, bei der radioaktives Material in Bäume gespritzt wurde; dieses wiederum war später in unbehandelten Nachbarbäumen nachweisbar.

«Wissen Sie, was ich mich die ganze Zeit frage?»

«Was?»

«Warum haben Sie eigentlich sofort auf Biodyn umgestellt und nicht erst einmal, wie es so viele Winzer machen, die Weinberge bio-mäßig bewirtschaftet?»

«Zur Beantwortung dieser Frage greifen wir am besten auf eine Analogie aus dem Sport zurück», sagt der Chef de Cave von Champagne Louis Roederer. «Bio ähnelt einem Fußballteam mit einer sehr guten Verteidigung. Ihnen unterlaufen keine Fehler, aber sie gewinnen auch nie. Wer gewinnen will, muss attackieren. Biodynamie ist die Attacke.»

Literaturhinweise

I. Eine neue Idee der Landwirtschaft entwickeln

Eine Selbstdarstellung des Dottenfelderhofes, auch mit Erläuterung des Geschäftsmodells Landwirtschaftsgemeinschaft sowie Informationen zu Landbauschule, Forschung und Züchtung, findet sich unter www.dottenfelderhof.de.

Empfehlenswert zur Geschichte des Hofes sind Peter Brügge: *Die Anthroposophen* (1984) sowie *Die biologisch-dynamische Wirtschaftsweise im 20. Jahrhundert* (2001) von Herbert H. Koepf und Bodo von Plato.

Zum Öko-Landbau:

- Bernhard Freyer (Hrsg.): *Ökologischer Landbau. Grundlagen, Wissensstand und Herausforderungen* (2016).
- Matthias Mochner: *Das Demeter-Phänomen. Die biologisch-dynamische Landwirtschaft – ein Weg aus der Sackgasse der Agrochemie* (2015).
- David A. Cleveland: *Balancing on a Planet. The Future of Food and Agriculture* (2013).
- Will Allen: *The Good Food Revolution. Growing Healthy Food, People, and Communities* (2013).
- Matthew Reed: *Rebels for the Soil – The Rise of the Global Organic Food and Farming Movement* (2010).
- Wolfgang Schaumann, Georg E. Siebeneicher, Immo Lünzer *Geschichte des ökologischen Landbaus* (2002).
- Gunter Vogt: Geschichte des ökologischen Landbaus im deutschsprachigen Raum (2001).

Zum Einfluss des Mondes:

- Hartmut Spieß: *Chronobiologische Untersuchungen mit besonderer Berücksichtigung lunarer Rhythmen im biologisch-dynamischen Pflanzenbau* (1994).

Zu den Positionen des Justus von Liebig:

- Justus von Liebig: *Die organische Chemie in ihrer Anwendung auf Agricultur und Physiologie* (1840) sowie *Die Thierchemie oder die organische Chemie in ihrer Anwendung auf Physiologie und Pathologie* (1842). Diese beiden Bücher sind vor allem ein Sammelsurium von Behauptungen zu landwirtschaftlichen, chemischen und botanischen Themen.
- William H. Brock: *Justus von Liebig – The Chemical Gatekeeper* (1997). Dieses Buch, 1999 auf Deutsch erschienen, thematisiert ausführlich Liebigs Streit mit dem Londoner Bürgermeister hinsichtlich der Verwendung von Kot. In seinem offenen Brief an den Oberbürgermeister von London griff Liebig in seine ultimative poetische Trickkiste: «Deine Nation, Großbritannien, hat die Fruchtbarkeit ihrer Felder ernsthaft gemindert, indem sie ihre Exkremente vernichtet. Als berühmter deutscher Chemiker spreche ich die Warnung aus, dass die Toilette mit Wasserspülung Verwüstungen im Ausmaß von Noahs Sintflut verursacht. Jeder einzelne Zug an der Kette des Spülkastens schwemmt wie die Sintflut viele nährende Stoffe hinweg.»
- Albert Howard: *An Agricultural Testament* (1940). Ein im angelsächsischen Raum einflussreiches Buch. Der britische Botaniker Sir Albert Howard (1873–1947), ein Pionier des ökologischen Landbaus, geht hier nicht sehr zimperlich mit Liebig um: Dessen Ideen bestünden vor allem darin, jeglichen Nährstoffmangel im Boden durch Chemikalien auszugleichen. Die Vorstellungen des Deutschen beruhen, so Howard, auf einem «völligen Unverständnis der Pflanzenernährung. Sie sind oberflächlich und völlig unseriös».

Der Klassiker von F. H. King aus dem Jahr 1911 erschien erstmalig 1984 auf Deutsch als *4000 Jahre Landbau in China, Korea und Japan*. Hier finden sich Geschichten von Menschen, die an Karawanenstraßen den Kot vorbeiziehender Tiere aufsammeln, oder von einem

Unternehmer, der 1908 viel Geld an die Stadt Shanghai überwies, um die Konzession für 70000 Tonnen menschlicher Exkremente zu erwerben. Weiterverkauft wurden diese an die Bauern der Umgebung.

Zur Effizienz der Stickstoffdüngung lässt sich Michael Pollan in *Das Omnivoren-Dilemma – Wie sich die Industrie der Lebensmittel bemächtigte und warum Essen so kompliziert wurde* aus. Sein Gedanke: Es ist schade, dass wir Erdöl nicht einfach trinken können. Schließlich stecke in 25 Kilogramm Mais, in Kalorien gemessen, viel weniger Energie als in den knapp zwei Litern Öl, die zu seiner Erzeugung erforderlich sind. Das Buch bietet auch eine exzellente Analyse der Monokultur in der amerikanischen Landwirtschaft sowie zu den einschlägigen Praktiken bei der Rinderhaltung.

Zu den biodynamischen Spritzpräparaten:
- Hartmut Spieß und Christoph Matthes: *Wirkung unterschiedlicher Hornkiesel und Hornorthoklas-Präparate* (2016).
- Christian von Wistinghausen, Wolfgang Scheibe und Hartmut Heilmann: *Anleitung zur Anwendung der biologisch-dynamischen Feldspritzpräparate und Düngerpräparate* (2012).

Der Gedanke Steiners, dass der Stickstoff aus der Luft ein anderer ist als der im Boden, klingt verschroben. Die Idee, ein Molekül in seinem Kontext oder seiner Umwelt zu analysieren, hatte aber auch der berühmte britische Physiologe John Scott Haldane. Als führende Kapazität in Atmungsprozessen unterschied Haldane zwischen Sauerstoff im Blut und in der Luft. Rein chemisch analysiert handele es sich gewiss um dieselbe Substanz. «Und doch spielt der Sauerstoff im ersteren Fall eine höchst organismische Rolle als Glied eines als lebendige Ganzheit funktionierenden Organismus, während er in der Atmosphäre nur ein passiv umhergetriebener Gemengteil ist», charakterisierte der Biologe Adolf Meyer-Abich in einem Nachruf auf Haldane dessen Position. Zu finden in J. B. S. Haldane: *Die Philosophie eines Biologen* (1936).

Analysen zum Horn der Kuh finden sich in:
- Charles Darwin: *The Descent of Man, and Selection in Relation to Sex* (1871), dt. *Die Abstammung des Menschen und die geschlechtliche Zuchtwahl* (1871).

– Amotz und Avishag Zahavi: *The Handicap Principle: A Missing Piece of Darwin's Puzzle* (1997), dt. *Signale der Verständigung* (1998).

1906 publizierte der bedeutende amerikanische Agrarökonomon William Jasper Spillman *Mendel's law in relation to animal breeding* sowie *A Mendelian Character in Cattle*. Spillman wies nach, dass Hörner beziehungsweise Hornlosigkeit mit den Mendel'schen Vererbungsregeln erklärbar seien. Bemerkenswerterweise repräsentiert Hornlosigkeit, wie Spillman herausfand, ein dominantes Allel. Anders ausgedrückt: Kühe mit Hörnern müssen beide Allele, also das vom Vater als auch das von der Mutter, für das Merkmal Horn haben.

Das Horn der Kühe stand auch weiterhin im Mittelpunkt der genetischen Analysen, etwa bei H. C. McPhee und Seewald Wright: *Mendelian analysis of the pure breeds of livestock. The shorthorns* (1925).

Erstaunlicherweise interessierte sich der österreichische Physik-Nobelpreisträger Erwin Schrödinger (1887–1961), ein Anhänger der Hindu-Religion, für die genetischen Finessen der hornlosen Kühe. Schrödinger schrieb zwei Briefe an den seinerzeit in Indien lebenden britischen Genetiker J. B. S. Haldane. Schrödinger stellte sogar eine Gleichung auf, nach der sich das gefährliche Kuhhorn in einer Herde nach 40 Generationen eliminieren ließe. Siehe dazu James F. Crow: *Erwin Schrödinger and the hornless cattle problem* (1992).

Bis heute liegen viele Einzelheiten der molekularen Hornlos-Mechanismen im Dunkeln; es existieren aber Gentests für den Nachweis homozygot hornloser Bullen. Denn dies ist ja für die Züchtung entscheidend: Verfügt ein Stier über beide Allele mit dem Etikett Hornlosigkeit, so weisen sämtliche Nachkommen, gleich welchen Geschlechts, auch dieses Merkmal auf. Ausgebrochen ist inzwischen ein regelrechter Hype auf die Spermien dieser Bullen. Freilich: Ebenso wie das Zuchtziel einer erhöhten Milchproduktion schränkt auch das scheinbar so tierfreundliche Trachten nach Hornlosigkeit ohne Lötkolben die genetische Vielfalt der Herden weiter ein. Außerdem wird bei all diesen Züchtungsversuchen häufig vergessen, dass die meisten Gene nicht nur ein bestimmtes Merkmal im Phänotyp beeinflussen;

in der Tat wirken die meisten Gene auf mehrere unterschiedliche Merkmale ein. Prompt sind in Frankreich bei auf Hornlosigkeit gezüchteten Charolais-Rindern angeborene Missbildungen bei Augen und Genitalien aufgetreten. Dazu:

- Cord Drögemüller u. a.: *Independent Polled Mutations Leading to Complex Gene Expression Differences in Cattle* (2014).
- Aurélien Capitan u. a.: *A 3.7 Mb Deletion Encompassing ZEB2 Causes a Novel Polled and Multisystemic Syndrome in the Progeny of a Somatic Mosaic Bull* (2012).
- James E. Womack (Hrsg.): *Bovine Genomics* (2012). Ein Reader.

Zur Haltung von Kühen:

- Marc Frey: *Zukunftschance Tierwohl: Die Bedeutung artgerechter Nutztierhaltung für die Landwirte und für unsere Gesundheit* (2004).

Zum Botulismus.

- Justinus Kerner: *Das Fettgift oder die Fettsäure und ihre Wirkungen auf den thierieschen Organismus* (1822).
- Sievert Lorenzen: *Nervengift für Rinder. Chronischer Botulismus und der Einsatz von Glyphosat – ein Lehrbeispiel für politisches Versagen* (2013).

Zu Hybriden:

Wichtige Arbeiten von George Harrison Shull zu den Hybriden sind:

- *The composition of a field of maize* (1908); dieser Aufsatz löste eine Revolution in der Pflanzenzüchtung aus.
- *Hybrid Seed Corn* (1946).
- *What is heterosis?* (1948). Dass aus einer Kreuzung zweier unterschiedlich ingezüchteter Varianten Hybriden entstehen, die wesentlich robuster als die elterlichen Ursprungspflanzen sind, wird als *Heterosis* bezeichnet, griechisch für Veränderung.

James F. Crow: *90 Years Ago: The Beginning of Hybrid Maize* (1998). Ein Übersichtsartikel.

In den USA stieg beim Mais der Hybridenanteil von 13 Prozent im Jahr 1937 auf 88 Prozent in 1945. Zur genomischen Kontrolle der biotechnologischen Samenproduzenten siehe:

- Philip H. Howard: *Concentration and Power in the Food System. Who Controls What We Eat?* (2016).
- Jack Ralph Kloppenburg: *First the Seed. The Political Economy of Plant Biotechnology* (2005).
- Dan Charles: *Lords Of The Harvest. Biotech, Big Money, And The Future Of Food* (2002).
- Richard C. Lewontin: *The maturing of capitalist agriculture. Farmer as proletarian* (1998).
- Jean-Pierre Berlan und Richard C. Lewontin: *Cashing in on Life – Operation Terminator* (1998).
- Richard C. Lewontin und Jean-Pierre Berlan: *The political economy of hybrid corn* (1986). Hinter der Erhöhung des Hybridanteils, so schreiben die Autoren, «stand nicht nur eine neue Technologie, sondern vor allem vitales kommerzielles Interesse. Anstatt zur Erntezeit die gesündesten und produktivsten Ähren aus ihrem eigenen Kornfeld zu selektieren, so wie sie es immer getan hatten, mussten die Farmer nun die Samen von einem kommerziellen Hersteller kaufen. Mit anderen Worten: Der Hybridmais transformierte den Samen in eine Ware.»

Zu Landwirtschaft, Hybridsorten und Dritte Welt:
- Richard C. Lewontin und Richard Levins: *Biology Under the Influence. Dialectical Essays on Ecology, Agriculture, and Health* (2007), vor allem Kapitel 28: *Science and Progress. Seven Developmentalist Myths in Agriculture.*
- Calestous Juma: *The Gene Hunters. Biotechnology and the Scramble for Seeds* (1989).

Zur Züchtung:
- Hartmut Spieß: *Gesichtspunkte zur biologisch-dynamischen Getreidezüchtung* (2016).

Zu Regenwürmern:
- Charles Darwin *The Formation of Vegetable Mould through the Action of Worms: with Observations on Their Habits* (1881), dt. *Die Bildung der Ackererde durch die Thätigkeit der Würmer* (1882).

Bitte Essen für 13:40h

LANGWEILIG

Zum Organismusprinzip:
- Den landwirtschaftlichen Betrieb als Organismus thematisiert Wilhelm Seedorf in *Die Organisationsformen der Landgutswirtschaft*, in: *Handbuch der Landwirtschaft* (1930).
- Ulrich Köpke: *Perspektiven für eine Landwirtschaft der Zukunft* (2016). Festvortrag zum 40-jährigen Jubiläum der Forschung und Züchtung Dottenfelderhof.

Zum Heimvorteil:
- Muhammad Imtiaz Rashid, Ron G.M. de Goede, Lijbert Brussaard und Egbert A. Lantinga: *Home field advantage of cattle manure decomposition affects the apparent nitrogen recovery in production grasslands* (2012).

Zur Gaia-Hypothese:
- James Lovelock: *The Vanishing Face of Gaia: A Final Warning* (2009).
- Ein guter Reader ist immer noch *From Gaia to Selfish Genes: Selected Writings in the Life Sciences*, herausgegeben von Connie Barlow (1991).
- W.D. Hamilton: *Ecology in the Large: Gaia and Genghis Khan* (1995).

II. Warum haben Kühe Hörner?

Rudolf Steiner: *Geisteswissenschaftliche Grundlagen zum Gedeihen der Landwirtschaft* (*Landwirtschaftlicher Kurs*). Acht Vorträge, gehalten in Koberwitz bei Breslau, 7.6 bis 16.6.1924, publiziert im Rudolf-Steiner-Verlag. Zu finden auch unter http://anthroposophie.byu.edu.

Zur Gedankenwelt Steiners:
- Walter Kugler: *Rudolf Steiner und die Anthroposophie. Eine Einführung in sein Lebenswerk* (2016).
- *Im Mittelpunkt der Mensch: Eine Einführung in die ausgewählten Werke Rudolf Steiners*, zusammengestellt von Hella Wiesberger und Walter Kugler (1985).

Frederick Crews Aufsatz *The Consolation of Theosophy* erschien 1996 in zwei Teilen in The New York Review of Books.

Eine amüsante Darstellung der Rolle von Krishnamurti, die zur Spaltung der Theosophischen Gesellschaft führte, findet sich in Ludwig Marcuse: *Aus den Papieren eines bejahrten Philosophie-Studenten* (1964). Marcuse definiert auch den Unterschied zwischen klassischer Theologie und Anthro- bzw. Theosophie sehr scharfsinnig: «Während die Theologen das Geheimnis als nicht geheim deklarierten, gaben sich die Theosophen als eingeweiht.»

III. Die permanente Aufrüstung

Zu Fritz Haber:
- Michael Freemantle: *Gas! Gas! Quick, Boys!: How Chemistry Changed the First World War* (2014).
- Daniel Charles, *Master Mind: The Rise and Fall of Fritz Haber, the Nobel Laureate Who Launched the Age of Chemical Warfare*, (2005).
- Max F. Perutz: *Friend or Foe of Mankind?*, in: *I Wish I'd Made You Angry Earlier: Essays on Science, Scientists, and Humanity* (1998).
- Margit Szöllösi-Janze: *Fritz Haber 1868–1934. Eine Biographie* (1998).
- Dietrich Stoltzenberg: *Fritz Haber. Chemiker, Nobelpreisträger, Deutscher, Jude* (1994).
- Lutz Haber: *The Poisonous Cloud: Chemical Warfare in the First World War* (1986). Lutz war der jüngste Sohn Fritz Habers.
- Ralf Hahn: *Gold aus dem Meer. Die Forschungen des Nobelpreisträgers Fritz Haber in den Jahren 1922–1927* (1999).
- Gerit von Leitner: *Der Fall Clara Immerwahr: Leben für eine humane Wissenschaft* (1993).

Lesenswerte Publikationen aus der Sicht der Beteiligten bzw. der BASF:
- Wilhelm Ostwald: *Der Stickstoff, eine Lebensfrage* (1903).
- Alfred von Nagel: *Stickstoff. Die Chemie stellt die Ernährung sicher* (1991), Schriftenreihe des Unternehmensarchivs der BASF Aktiengesellschaft.
- Walter Greiling: *Chemie erobert die Welt* (1950).
- Alwin Mittasch: *Geschichte der Ammoniaksynthese* (1951).

Zu Glyphosat und die Zukunft des Pestizid-Systems:
Lesenswerte Bücher zur Ökologie:
- Rachel Carson: *Silent Spring* (1962), dt. *Der stumme Frühling* (1962).
- Robert Van Den Bosch: *The Pesticide Conspiracy* (1978).
- Richard Levins and Richard Lewontin: *The Dialectical Biologist* (1985), speziell das Kapitel *The Pesticide System.*
- Ernst Mayr: *What questions does ecology ask*, in: *This is Biology. The Science of the Living World* (1997), dt. *Das ist Biologie. Die Wissenschaft des Lebens* (1998).
- Hansjörg Küster. *Das ist Ökologie. Die biologischen Grundlagen unserer Existenz* (2005).
- Will Allen: *The War on Bugs* (2007).

Erörtert wird die Evolution der Pestizid-Resistenz in:
- A. L. Melander: *Can Insects Become Resistant to Sprays?* (1914).
- Theodosius Dobzhansky: *Genetics and the Origin of Species* (1937), dt. *Die genetischen Grundlagen der Artbildung* (1939).
- James F. Crow: *Genetics of insect resistance to chemicals* (1957).
- Robert M. May und Andrew P. Dobson: *Population Dynamics and the Rate of Pesticide Resistance* (1986).
- James Mallet: *The evolution of insecticide resistance. Have the insects won?* (1989).
- Richard H. French-Constant: *The molecular genetics of insecticide resistance* (2013).

Leigh Van Valen formulierte seine Red-Queen-Hypothese 1973 nicht ganz unbescheiden unter dem Titel *A New Evolutionary Law.*

Der grundlegende Text über das Verhältnis von genetischer Attacke zu Gegenattacke ist immer noch J. B. S. Haldane: *Disease and evolution* (1949). Ein exzellenter Reader dazu ist *Infection, Polymorphism and Evolution*, herausgegeben von W. D. Hamilton und Jonathan Howard (1997).

Susumu Ohno: *Evolution by gene duplication* (1970). Eine im Zeitalter von Evo-Devo eher altmodisch wirkende Analyse, die aber zum Wettlauf von Wildkräutern mit Glyphosat treffend passt.

Zur Herbizidresistenz:
- Regina S. Baucom: *The remarkable repeated evolution of herbicide resistance* (2016).

Zum RNA-Spray:
Antonio Regalado: *The Next Great* GMO *Debate* (2015).

IV. Die neue Welt der Bio-Weine

Biologischer Weinbau (2014), herausgegeben von Uwe Hofmann. Hier findet sich ein Kapitel von Hartmut Spieß zur biodynamischen Wirtschaftsweise.

Von Pierre Masson, dem Berater von Champagne Roederer, liegt ein Buch auf Deutsch vor: *Gartenbau und Landwirtschaft biodynamisch* (2015).

Von Masanobu Fukuoka liegen uns diverse Bücher vor:
- *Der Große Weg hat kein Tor* (2013).
- *Die Suche nach dem verlorenen Paradies* (1999).
- *Rückkehr zur Natur. Die Philosophie des natürlichen Anbaus.* (1998).
- *In Harmonie mit der Natur. Die Praxis des natürlichen Anbaus* (1998).

Die brillante Beschreibung der Emotionen beim Trinken eines Champagne Louis Roederer Cristal findet sich in *Answered Prayers* von Truman Capote (postum 1986), dt. *Erhörte Gebete* (1989).

Zur Auseinandersetzung um das Erinnerungsvermögen von Wasser (und Wein):
- Jacques Benveniste, *Ma vérité sur la ‹mémoire de l'eau›* (2005).
- J. Maddox, J. Randi, W. W. Stewart: *«High-dilution» experiments a delusion* (1988).

Zur Permakultur:
Entwickelt wurde diese Idee von den beiden Australiern Bill Mollison und David Holmgren:

- Bill Mollison und David Holmgren: *Permakultur. Landwirtschaft und Siedlungen in Harmonie mit der Natur* (1984).
- David Holmgren: *Future Scenarios: How Communities Can Adapt to Peak Oil and Climate Change* (2009).

Zum Wood Wide Web:

- Michael Phillips: *Mycorrhizal Plants – How Symbiotic Fungi Work with Roots to Support Plant Health and Build Soil Fertility* (2017).
- Suzanne W. Simard u. a.: *Net transfer of carbon between ectomycorrhizal tree species in the field* (1997).

Von Suzanne Simard gibt es auch einen TED talk: *How trees talk to each other*.

Charles Darwin schrieb eine Reihe Bücher zu botanischen Themen, seine Untersuchungen kulminierten 1880 in *The Power of Movement in Plants* (1880), dt. *Das Bewegungsvermögen der Pflanzen* (1981). Hier findet sich auch die Analogie der Pflanzenwurzel als eine Art «Gehirn». Dazu: František Baluška, Stefano Mancuso, Dieter Volkmann und Peter W. Barlow: *The ‹root-brain› hypothesis of Charles and Francis Darwin* (2009).

Weitere Bücher von Christian Göldenboog

Die Champagnermacher (2013)

Wozu Sex? Von der Evolution der zwei Geschlechter (2006)

Rheingau & Wiesbaden. Reise- und Weinführer (2006)

Das Loch im Walfisch. Die Philosophie der Biologie (2003)

Champagner (1998)

Aus dem Verlagsprogramm